基于工作过程导向的项目化创新系列教材
高等职业教育机电类"十四五"规划教材

工程制图与CAD习题集

（非机械类）（第2版）

Gongcheng Zhitu yu CAD Xitiji

▲主　编　刘瑞荣　王　谨
▲副主编　项　春　王　莺

华中科技大学出版社
http://press.hust.edu.cn
中国·武汉

图书在版编目(CIP)数据

工程制图与 CAD 习题集:非机械类/刘瑞荣,王谨主编.—2 版.—武汉:华中科技大学出版社,2017.7(2025.7 重印)
ISBN 978-7-5680-3042-7

Ⅰ.①工… Ⅱ.①刘… ②王… Ⅲ.①工程制图-AutoCAD 软件-高等学校-习题集 Ⅳ.①TB237-44

中国版本图书馆 CIP 数据核字(2017)第 144076 号

工程制图与 **CAD** 习题集(非机械类)(第 2 版)   刘瑞荣 王 谨 主编
Gongcheng Zhitu yu CAD Xitiji(Fei Jixielei)

策划编辑:张 毅
责任编辑:张 毅
封面设计:孢 子
责任监印:朱 玢
出版发行:华中科技大学出版社(中国·武汉)   电话:(027)81321913
         武汉市东湖新技术开发区华工科技园   邮编:430223
录 排:武汉三月禾文化传播有限公司
印 刷:武汉市洪林印务有限公司
开 本:787mm×1092mm 1/8
印 张:15
字 数:248 千字
版 次:2025 年 7 月第 2 版第 8 次印刷
定 价:39.80 元

第 2 版前言

本习题集第 1 版第 1 次印刷发行到现在已经 8 年了,这期间多次重印,深受全国广大高校师生、企业人员和其他读者的欢迎。这次再版,我们总结各院校《工程制图与 CAD》教学经验和成果,对部分内容进行了修订,希望能够更好地满足广大读者的要求。

本习题集与《工程制图与 CAD(非机械类)》(刘瑞荣、王谨主编)教材配套使用,其编排顺序与教材紧密结合,内容丰富,集尺规作图、徒手绘图、计算机绘图于一体,各部分均有一定余量供学生和教师取舍。另外,针对电气、电子专业的需要,还配有电气工程图等内容,并附加一套理论测试卷和一套 CAD 技能一级考试试题。

本习题集可作为高等院校电气、电子、计算机、市场营销、工业管理等专业制图课程(40~70 学时)的教学用书,也可供其他学时较少的非机械类专业作为教学用书,以及用于技术工人培训和职工自学。

本次修订由刘瑞荣、王谨担任主编,项春、王莺担任副主编。

由于编者水平有限,书中可能存在不尽人意的地方,希望广大读者多提宝贵意见,便于我们不断的修正、完善本书的内容,更好地为读者服务。

编　者

目　录

机 械 工 程 制 图 基 本 知 识 视 图 校 核

尺 寸 标 注 形 体 分 析 零 件 图 班 级 结 构

箱 体 为 支 架 泵 台 学 校 轴 承 漏 油 螺 纹 钉 齿 轮 花 键

0 1 2 3 4 5 6 7 8 9 R 0 1 2 3 4 5 6 7 8 9 R

ABCDEFGH IJKLMNOPQRSTUVWXYZ

机 械 工 程 制 图 基 本 知 识 视 图 校 核

尺 寸 标 注 形 体 分 析 零 件 图 班 级 结 构

箱 体 为 支 架 泵 台 学 校 轴 承 漏 油 螺 纹 钉 齿 轮 花 键

0 1 2 3 4 5 6 7 8 9 R 0 1 2 3 4 5 6 7 8 9 R

ABCDEFGH IJKLMNOPQRSTUVWXYZ

专业班级		姓名及学号		审阅		成绩	

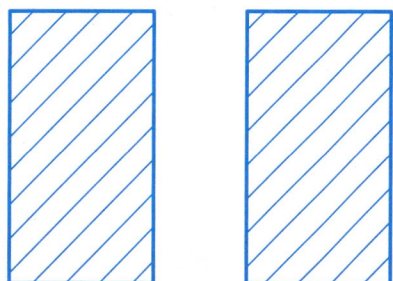

| 专业班级 | | 姓名及学号 | | 审阅 | | 成绩 |

作业指导

1.作业名称：图线练习。

2.作业内容：抄画右边图框中的图线和图形。

3.作业目的：

（1）熟悉制图标准中有关图幅、图线及字体的规定。

（2）初步掌握绘图仪器和工具的操作方法和作图方法。

（3）初步掌握图线画法。

4.作业要求：

（1）将图线和图形抄画在A3图纸上，比例自定。

（2）正确使用绘图仪器和工具，量取尺寸要精确。

（3）图线的浓淡要一致，同类线型的粗细要一致，线宽粗细要分明，虚线、点画线的长短和间隔要一致。

（4）字体工整，图面整洁。

（5）画图形下面两组45°斜线时，目测间隔（约3 mm）。

5.作业提示：

（1）将图纸竖放，固定在图板上，按规定画出图框和标题栏。

（2）按图形的总高和总长尺寸布图，用H或2H铅笔画底稿，底稿线要轻、细、准。

（3）描深时，应先描圆或圆弧再描直线，为了使直线和圆弧的浓淡一致，加深圆弧时要一次性准确画出，不再描深，所用铅笔要软一号。

（4）标题栏中的图名和校名，建议用10号字，其余均为5号字。

专业班级	姓名及学号	审阅	成绩

1.分析下面左图中尺寸标注的错误，按正确的方法标在右边图形上。

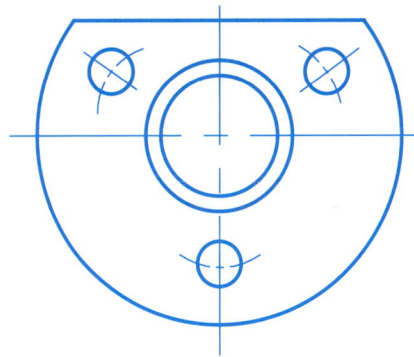

2.根据小图中给定的多边形，完成下面的大图。

3.参照下面的小图按尺寸数值在大图上完成图线连接，并注出圆心和切点。

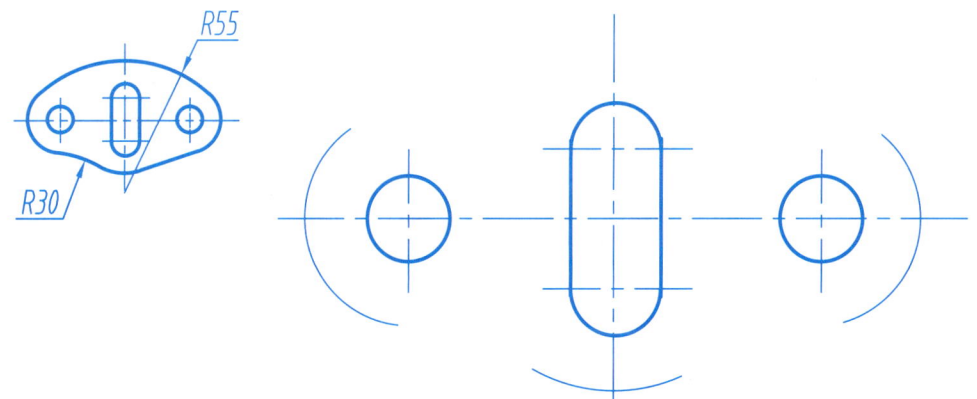

| 专业班级 | 姓名及学号 | 审阅 | 成绩 |

作业指导

1. 作业名称：平面图形。

2. 作业内容：在1-6小节中任选一题，A3幅面，比例自定。

3. 作业目的：学习平面图形的绘图步骤和尺寸标注方法，掌握圆弧连接的作图方法。

4. 作业要求：按照图上尺寸将其抄画在图纸上并标注尺寸；正确定出图上各圆弧的圆心和连接点（切点），光滑地连接各圆弧；尺寸标注正确，图线符合要求，布图均匀，图面整洁。

5. 作业提示：

（1）布图时应考虑标注尺寸的位置；

（2）底稿线要画得细而淡，擦去多余图线；

（3）圆心连接点的位置要找准；

（4）底稿完成后要检查，确认无误后再描深；

（5）注意字体的书写和箭头要符合国家标准。

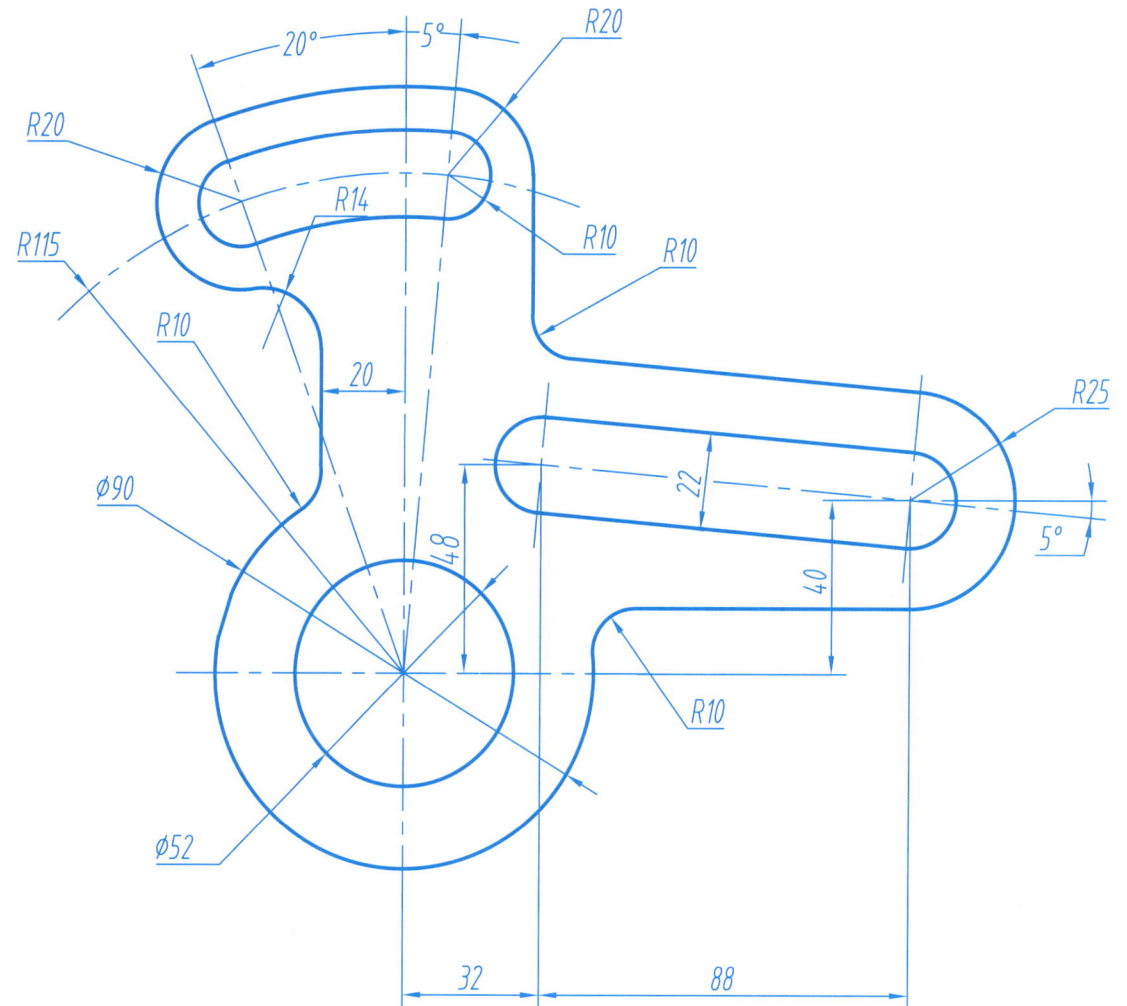

| 专业班级 | 姓名及学号 | 审阅 | 成绩 |

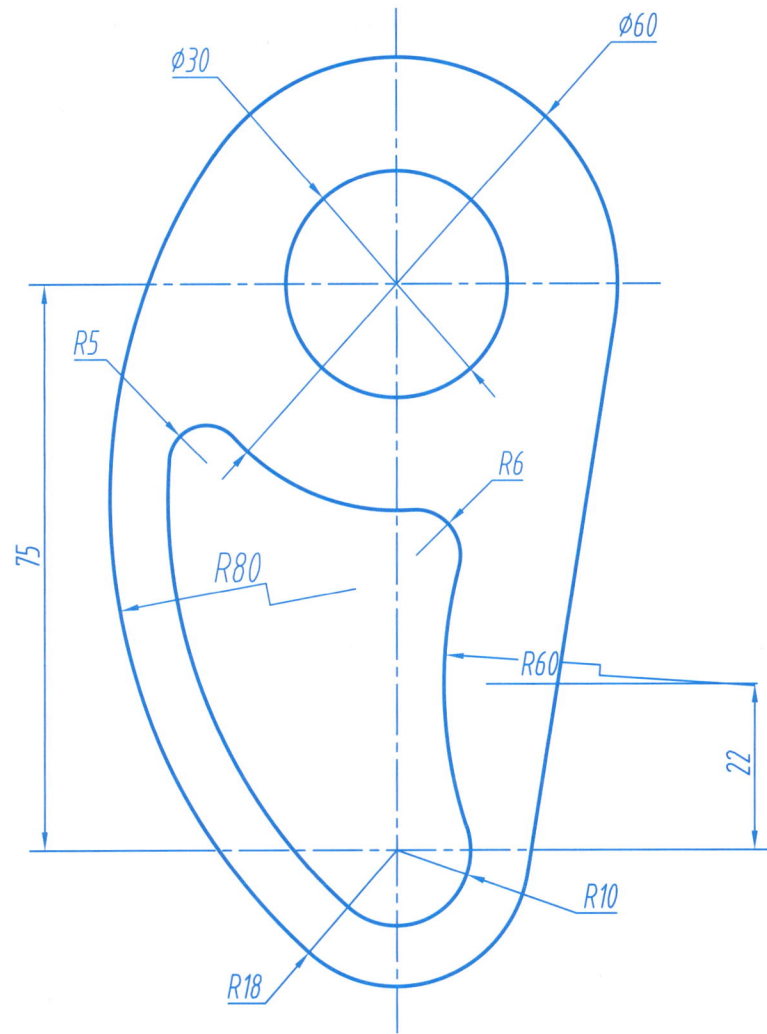

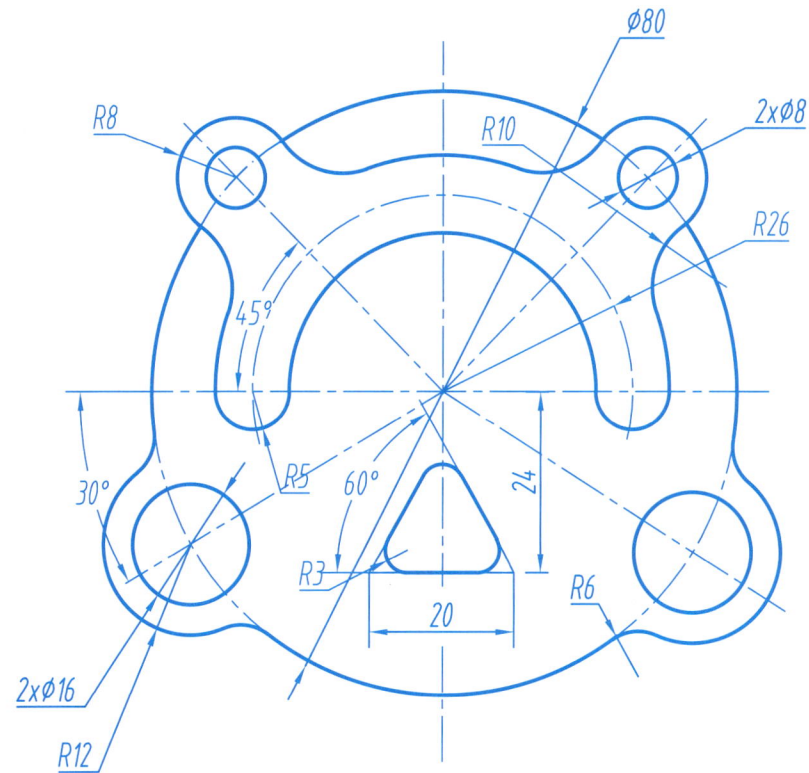

Ø30　Ø60

R5

R6

75

R80

R60

R18

R10

22

R8　Ø80　R10　2xØ8

R26

45°

30°　R5　60°

R3

2xØ16

R12

24

20

R6

Ø16　Ø38

R10

100

R8

10

R19

R45

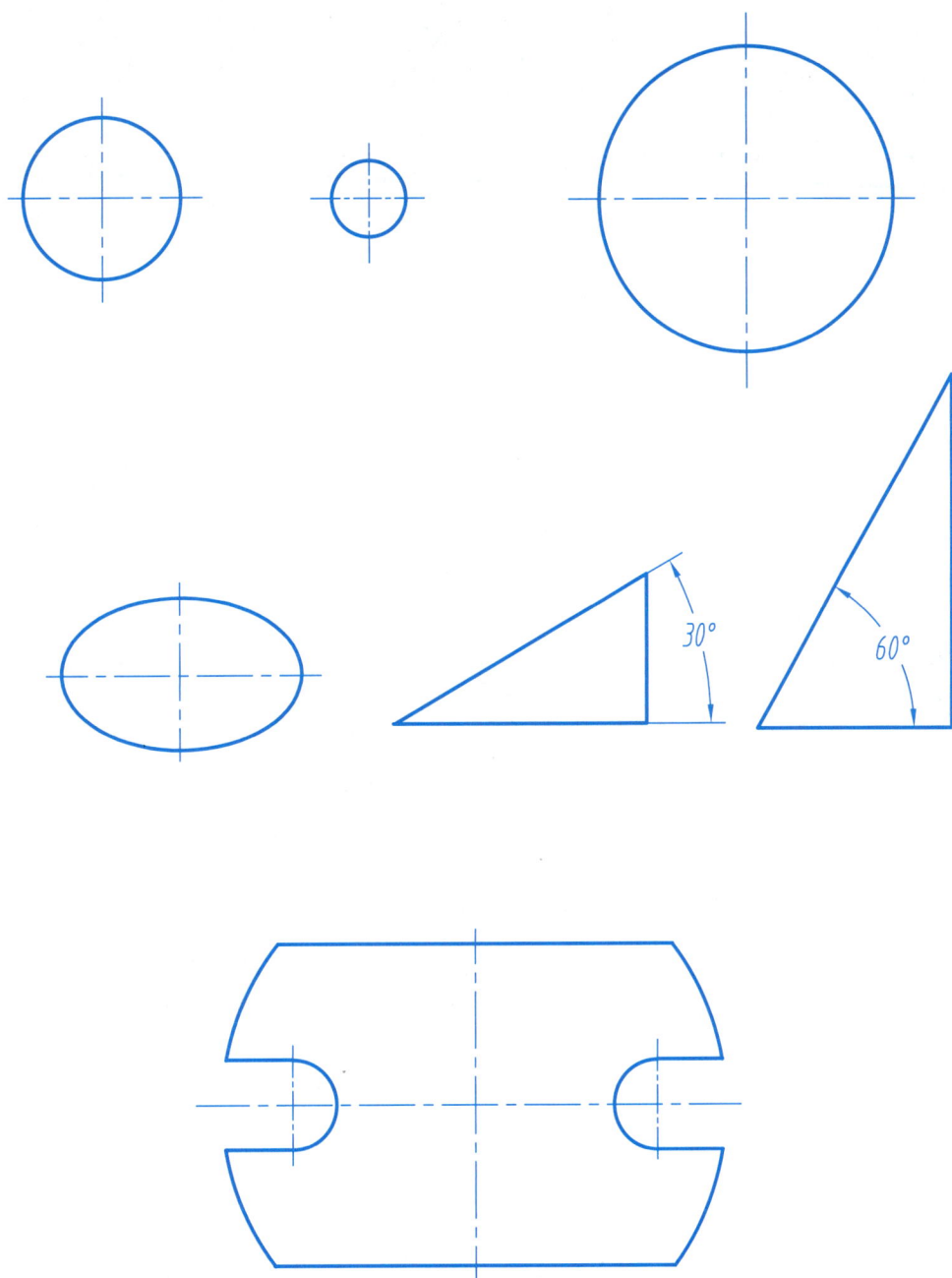

30°

60°

| 专业班级 | 姓名及学号 | 审阅 | 成绩 |

一、制作A3样板图

1. 按以下规定设置图层颜色、线型、线宽及线型比例，线型比例设置为0.35。

图层名称	颜色	线型	线宽	应用说明
01	白	Continuous	0.5	粗实线
02	绿	Continuous	0.25	细实线
03	黄	ACAD_ISO02W100	0.25	虚线
04	红	enter	0.25	点画线

2. 按1:1比例设置A3图幅（横装），留装订边，画出图纸边界线和图框线。

3. 按教材图1-7的格式画出标题栏，填写标题栏内文字。

4. 完成以上各项后，以"A3.dwg"为文件名存盘，供以后使用。

二、用LINE命令、坐标输入或快速距离模式绘制下面的单一视图。

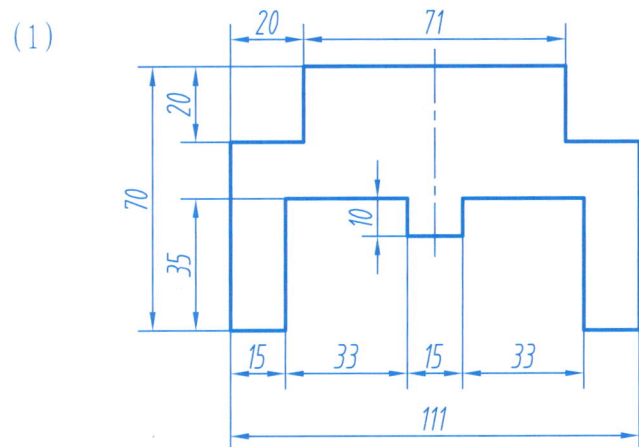

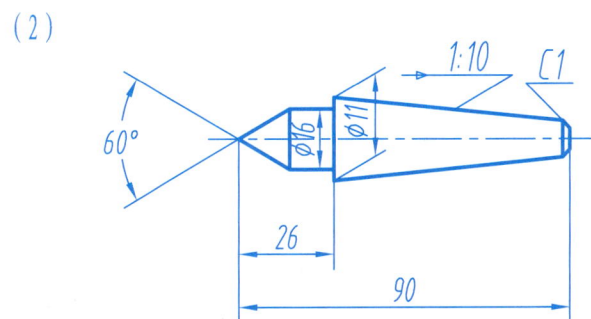

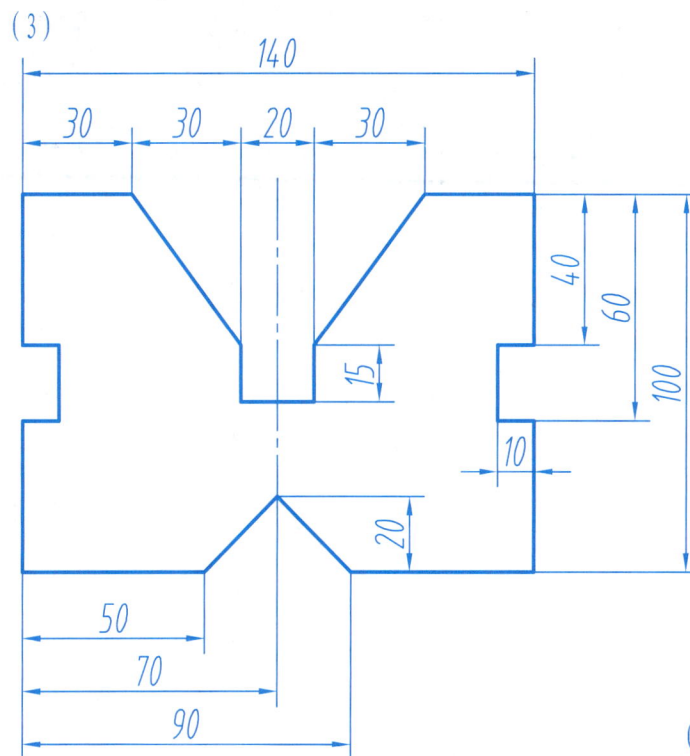

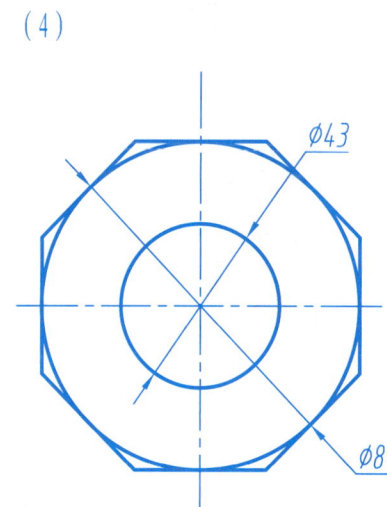

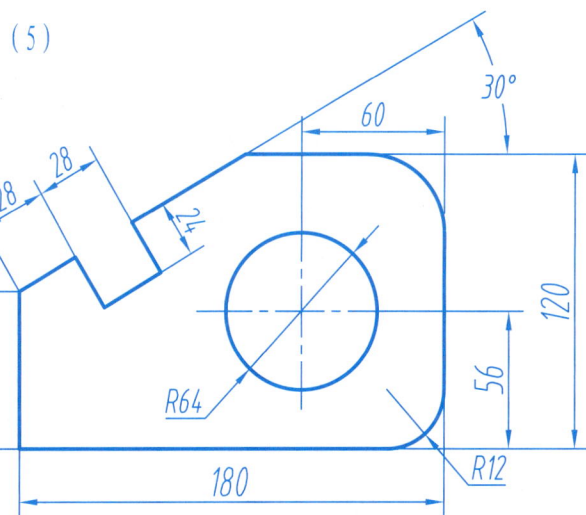

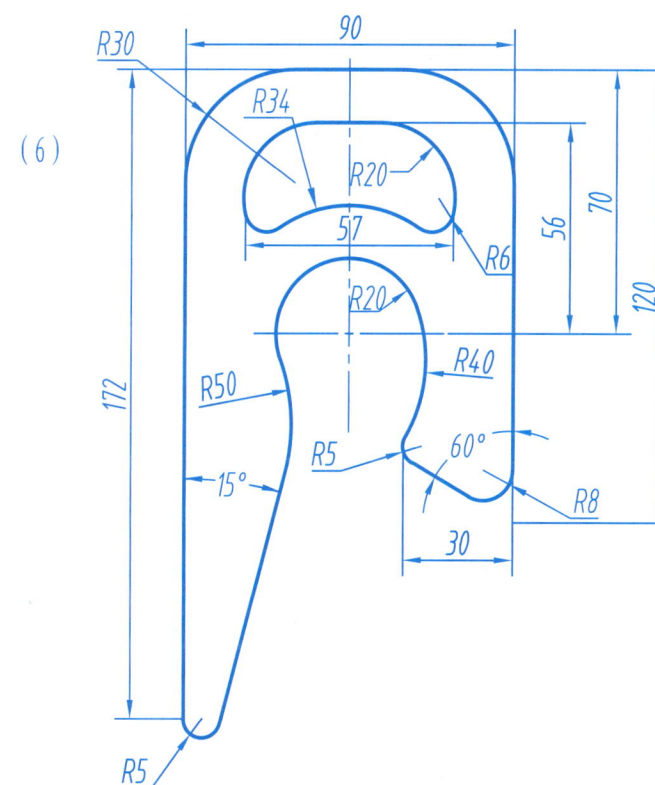

(1)

(2)

(3)

(4)

(5)

(6)

专业班级 | 姓名及学号 | 审阅 | 成绩

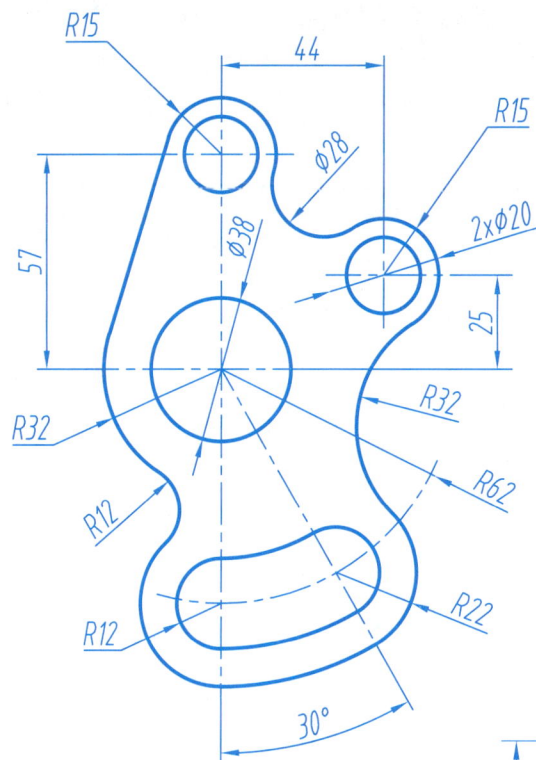

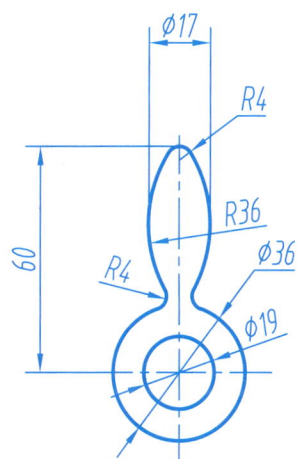

R15
44
Ø28
R15
57
Ø38
2×Ø20
25
R32
R32
R12
R62
R12
R22
R12
30°

R100
60
30°
R100
R10
60°
Ø40
Ø50
50
30
10
R15
35
90
60
50°
Ø40
Ø50

Ø17
R4
R36
60
R4
Ø36
Ø19

190
2×Ø54
Ø80
Ø80
14
87
R200
Ø62
R10
84°
R161
R36
R60
44
40
75
140
R20
36
18
30°
72
15 16
12×Ø10EQS
285

94
36
10
Ø20
R8
R8
R138
13
R28
R18
113
R10
5
R35
100
55
Ø20
R8
52
9
22
13
72 40

R32
12 8
23
31
R27
R34
R34
248
36
8 21
25 23 7
R29
R2
R58
34
R34
Ø45
R36
15°
9

R7
Ø12
Ø22
R58
R75
25
3
R5
59
R7
R36
5.5
R45
4×Ø5
R25
15
R19
28
50
26
30°
Ø10
22
Ø18
R7
19
R22.5

3-1 简单体的三视图——对照立体图，辨认三视图，在括弧中填写出相应编号 | 11

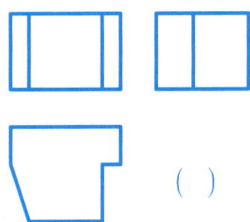

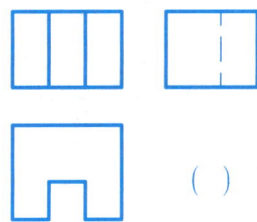

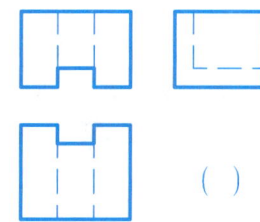

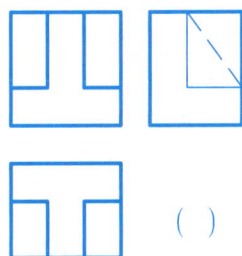

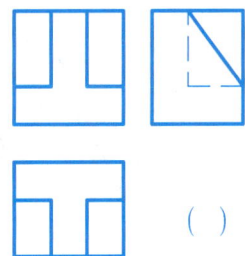

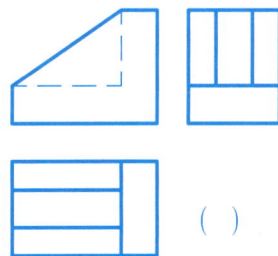

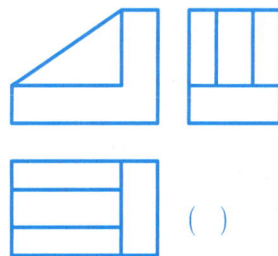

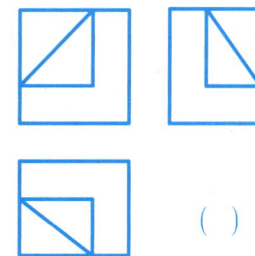

① ② ③ ④ ⑤ ⑥ ⑦ ⑧ ⑨

( ) ( ) ( ) ( ) ( )

( ) ( ) ( ) ( )

专业班级　　姓名及学号　　审阅　　成绩

1.参照物体的立体图,根据给出的一面或两面视图,完成三视图。

(1)

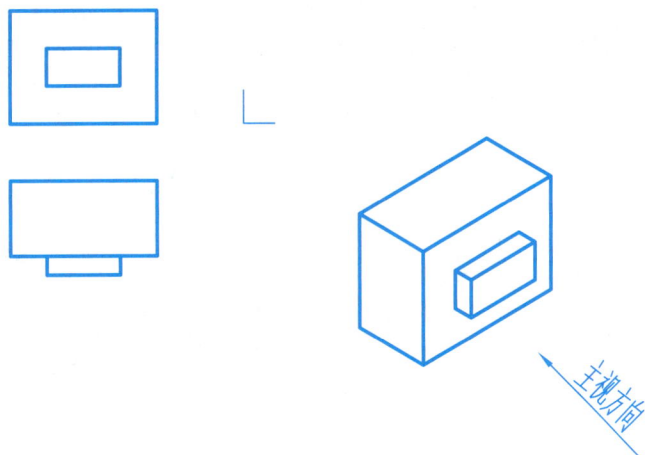

(2)

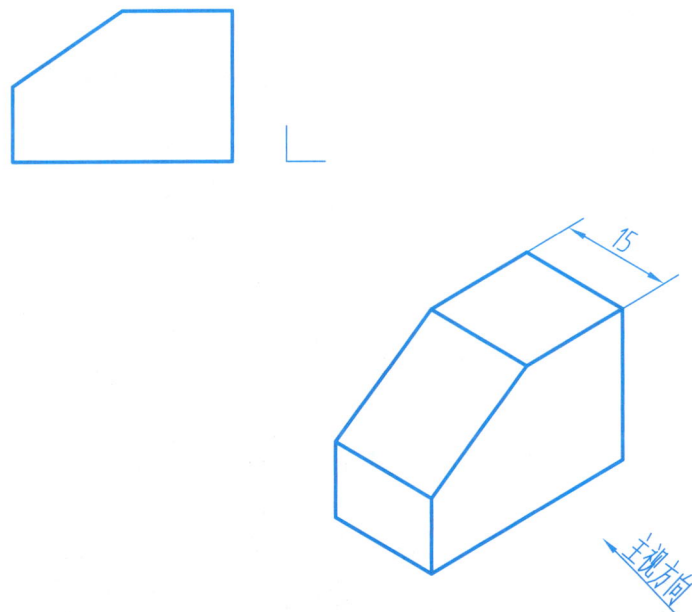

2.对照物体的直观图,补画三视图中所缺的图线,并在括号中注明物体上、下、左、右、前、后所对应的空间方位。

(1)

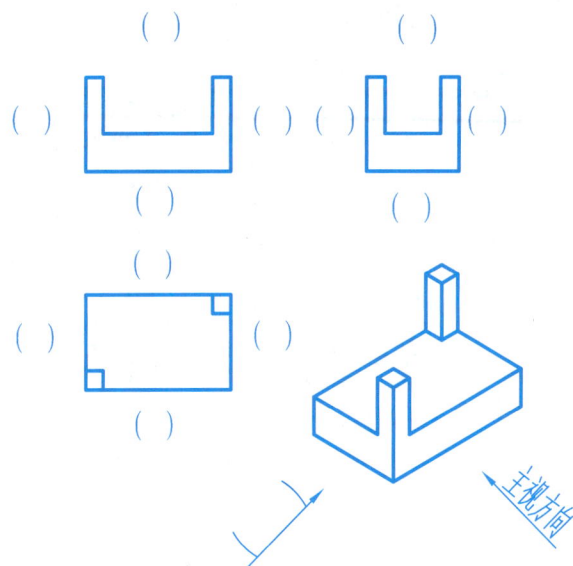

(2)

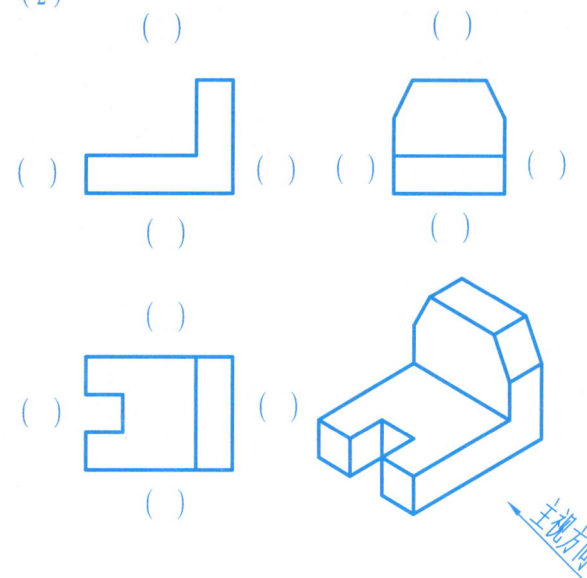

3.对照物体的直观图,补画三视图中所缺的图线。

(1)

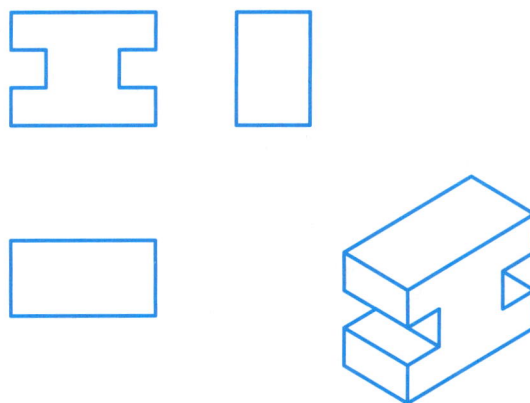

(2)

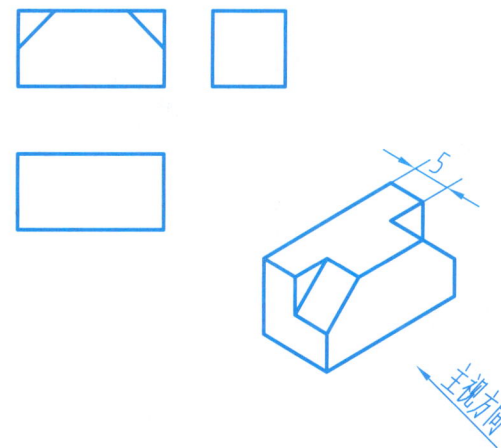

| 专业班级 | 姓名及学号 | 审阅 | 成绩 |

1. 对照立体图,在三视图中分别用圆点标出A、B、C三点的三面投影,并在立体图中标出M点的位置。

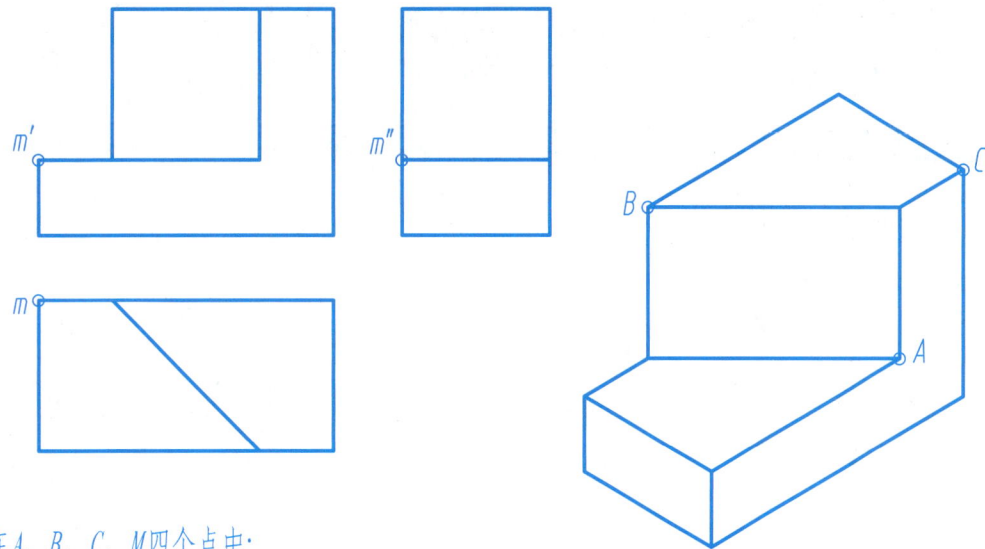

m′   m″

m

B   C

A

在A、B、C、M四个点中:
最高位置点是_____点,最前位置点是_____点。

2. 对照立体图,在三视图中用粗实线(或彩笔涂色)描出平面P、Q的三面投影,并说明它们的空间位置。

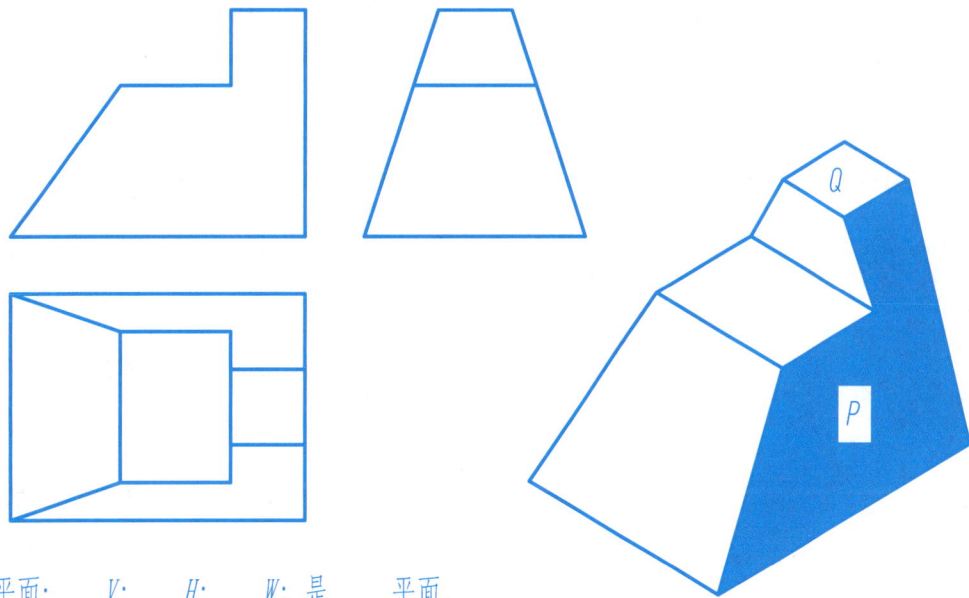

Q

P

P平面: __V; __H; __W; 是____平面。
Q平面: __V; __H; __W; 是____平面。

3. (1) 分别在物体的直观图和三视图上用规定字母标注出AB、CD线段的投影,并加粗AB、CD线段的投影。
   (2) 用⊥、‖、∠符号填写出它们对各投影面的相对位置。

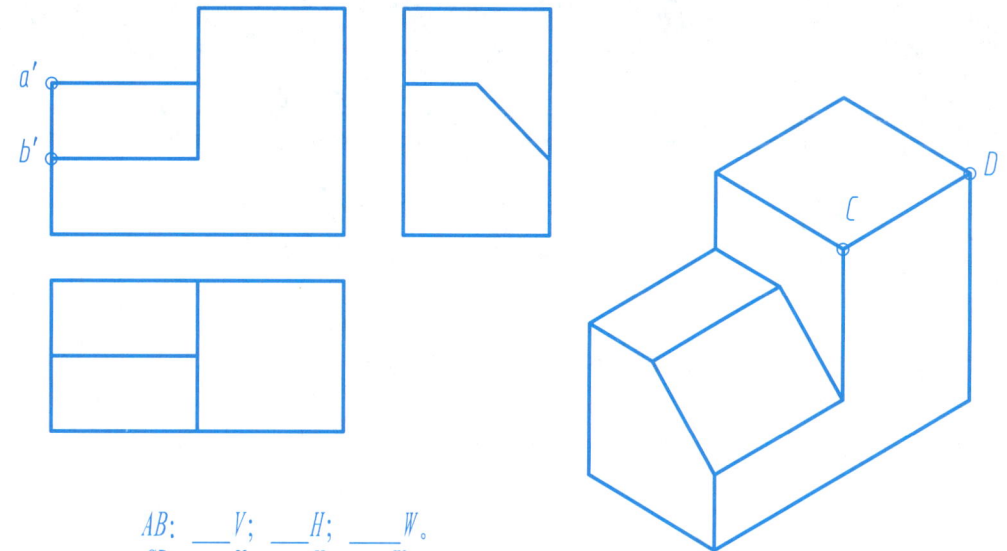

a′

b′

C   D

AB: __V; __H; __W。
CD: __V; __H; __W。

4. 对照直观图,完成: (1) 在三视图中标注出AB、EF线段的投影; (2) 用阴影涂出P、Q平面的三面投影; (3) 填写出下列线段和平面对各投影面的相对位置。

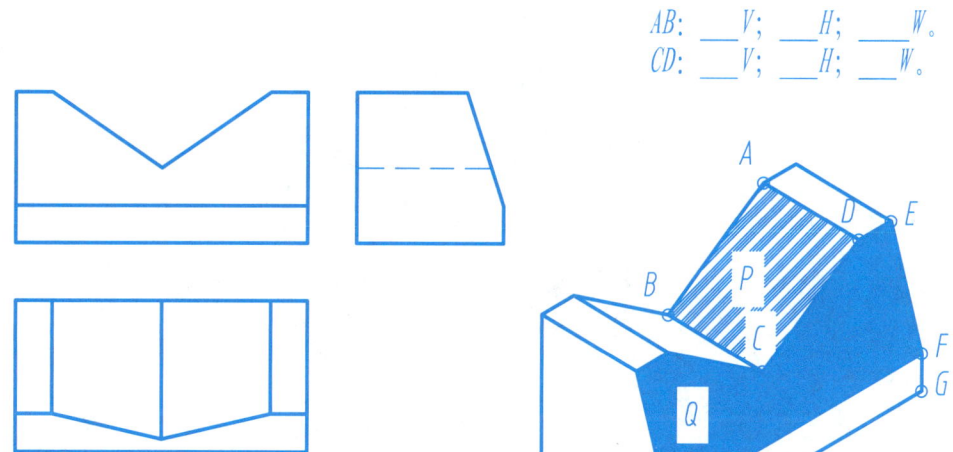

AB: __V; __H; __W。
CD: __V; __H; __W。

A   D   E

B   P   C   F

Q   G

P平面: __V; __H; __W; 是____平面。
Q平面: __V; __H; __W; 是____平面。

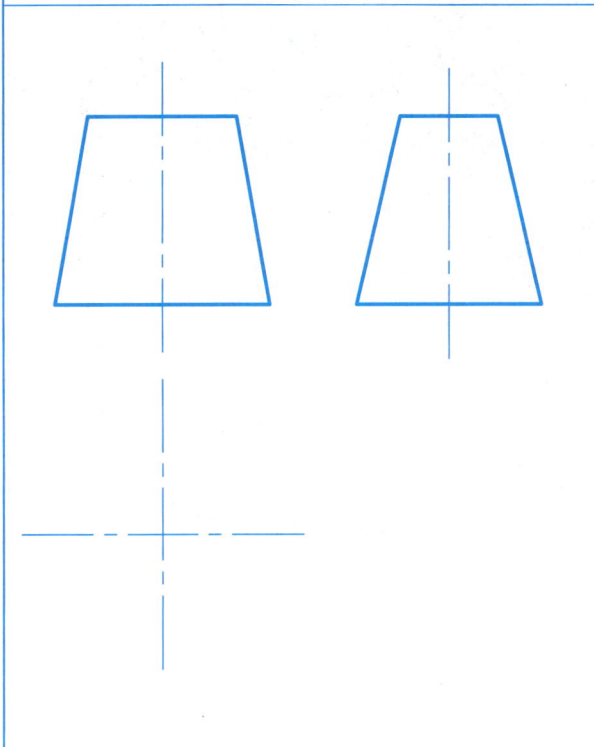

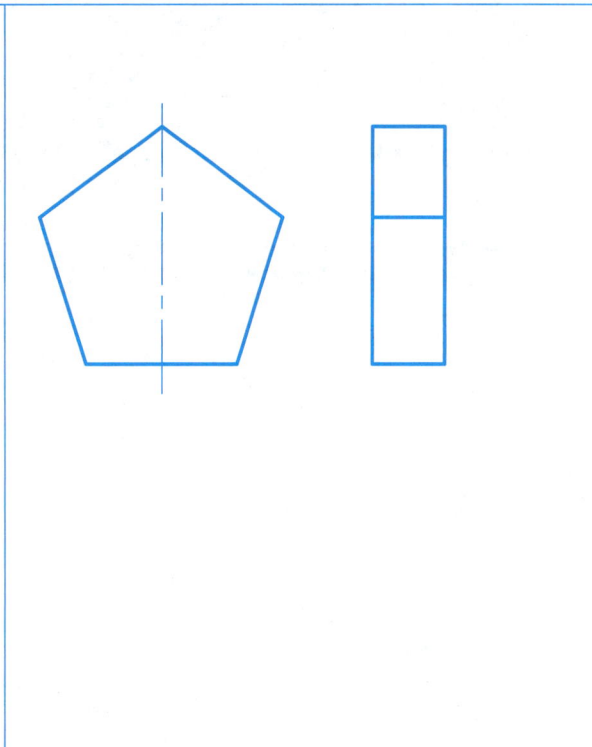

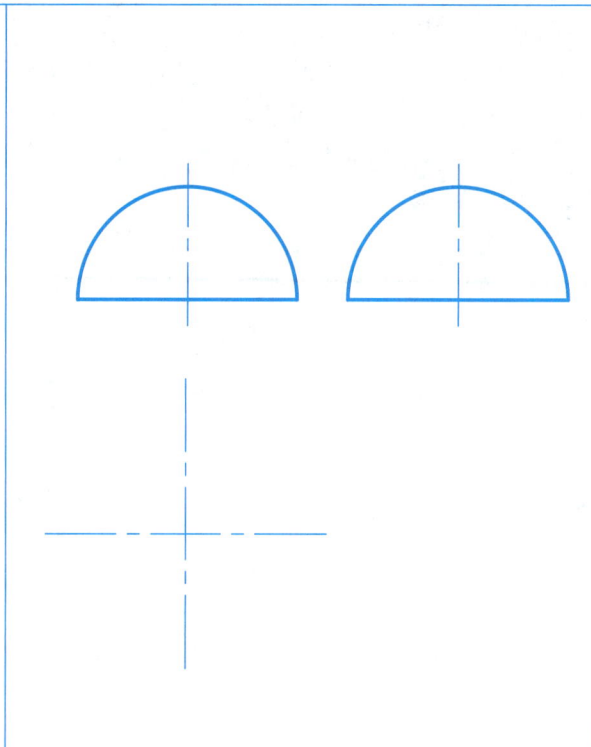

按1:1的比例完成六棱柱的三视图。

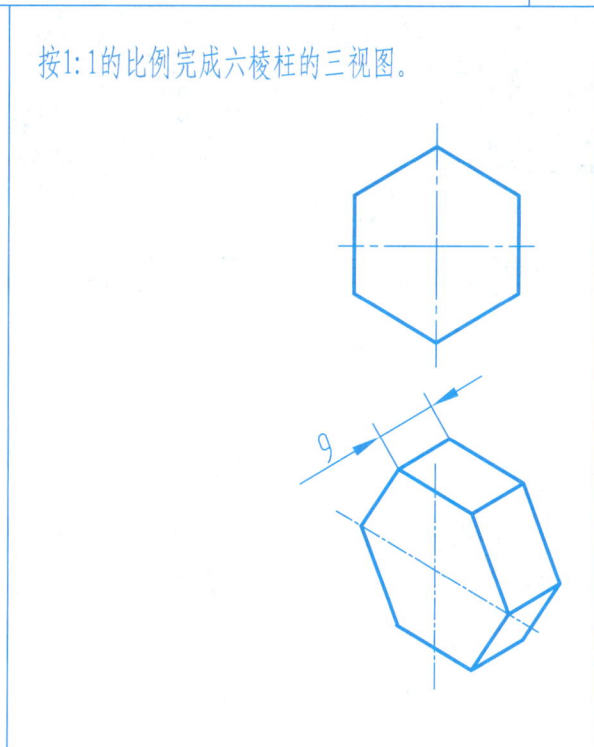

9

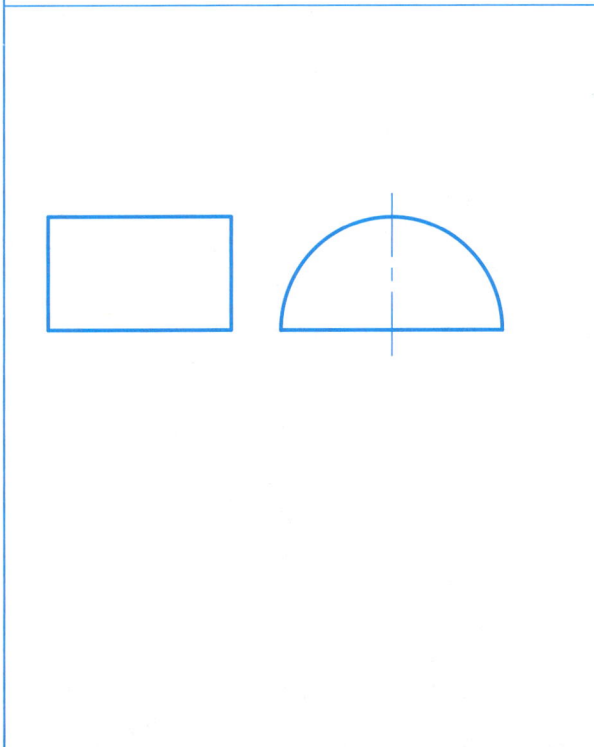

主视

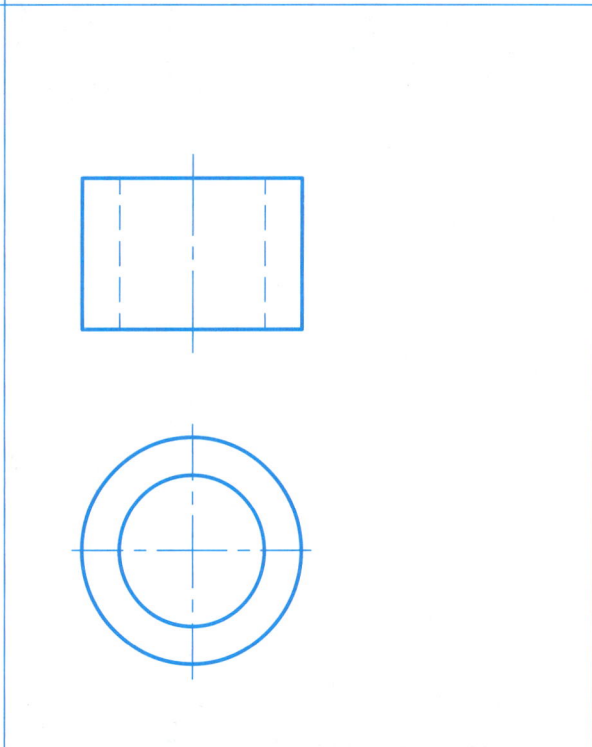

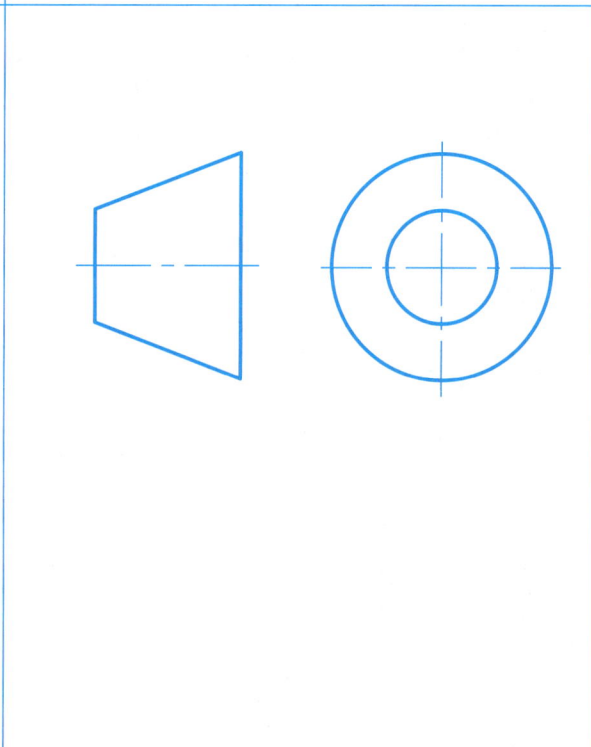

按1:1的比例画出半圆球的三视图。

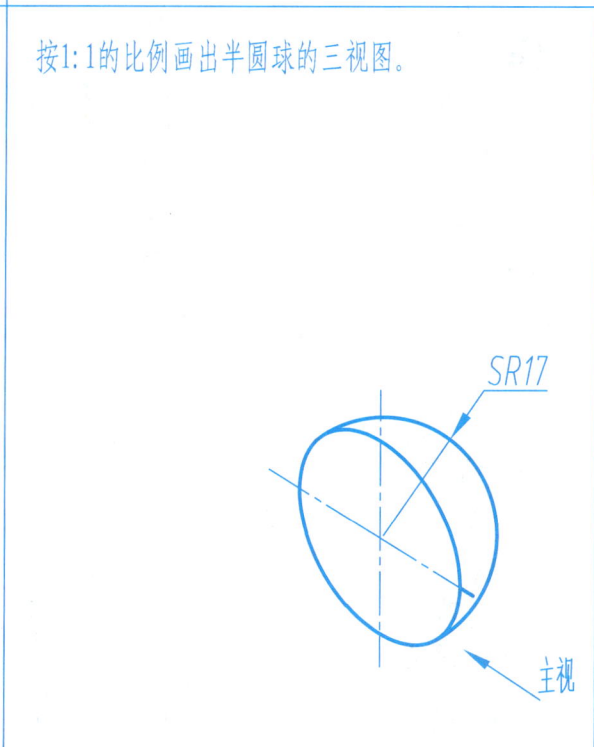

SR17

主视

| 专业班级 | 姓名及学号 | 审阅 | 成绩 |

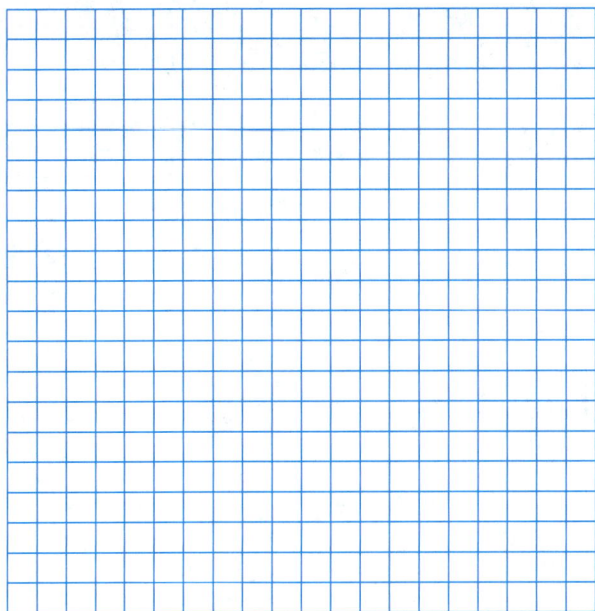

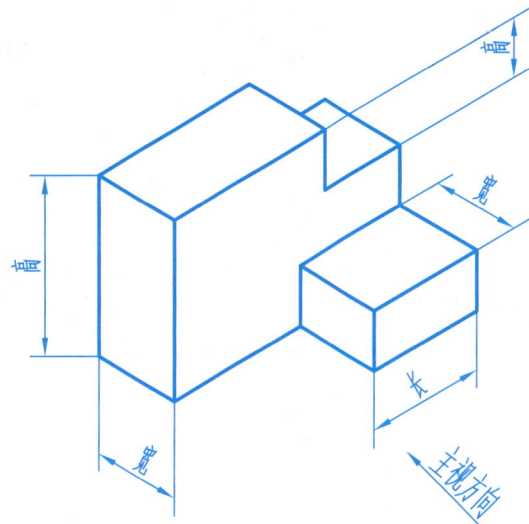

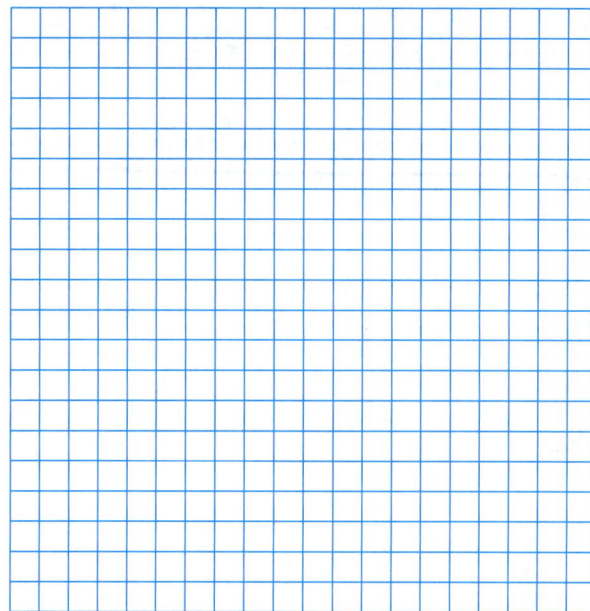

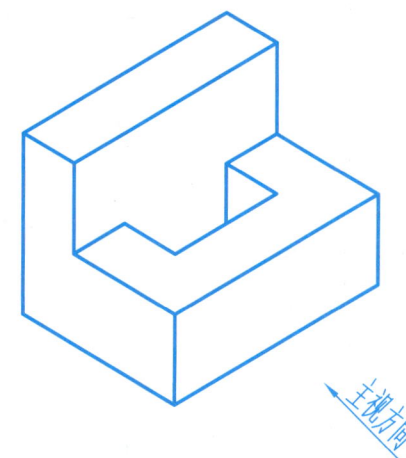

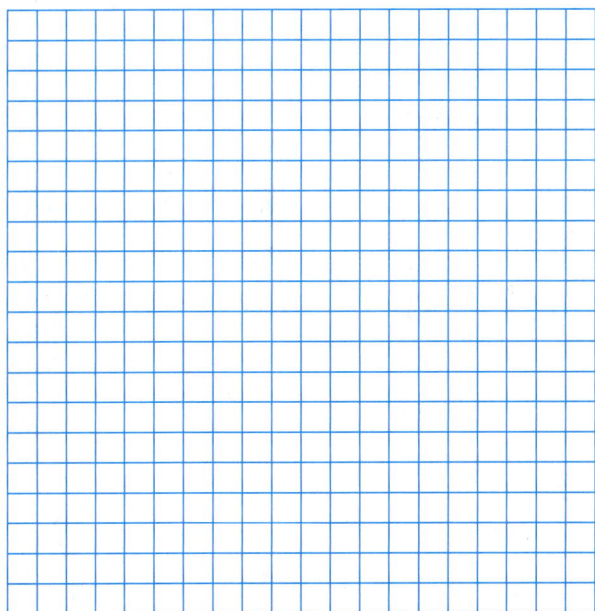

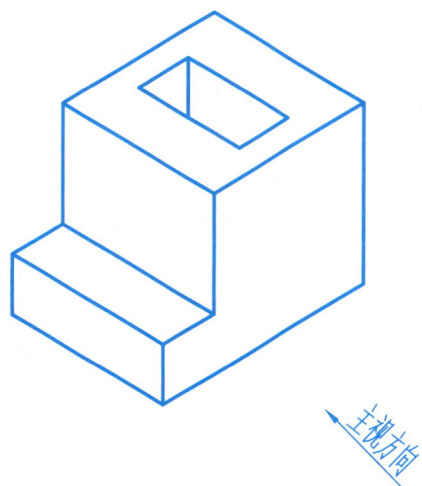

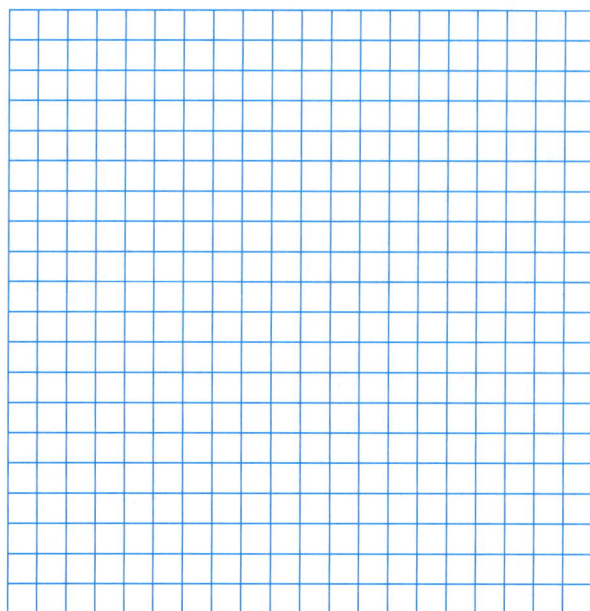

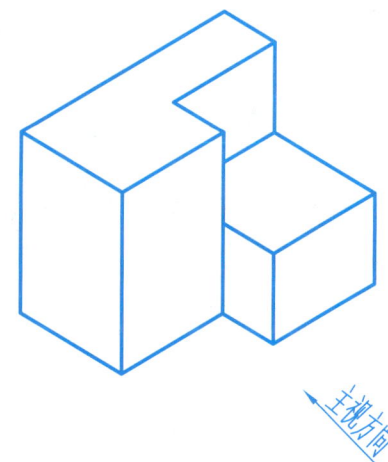

高

高

宽

宽

长

主视方向

主视方向

主视方向

主视方向

专业班级 | 姓名及学号 | 审阅 | 成绩

第4章 识读截断体与相贯体的三视图

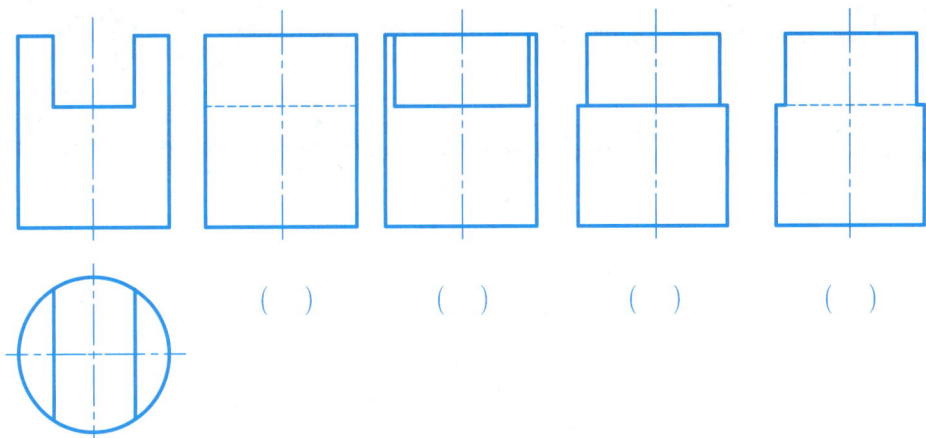

（　）　　　（　）　　　（　）　　　（　）

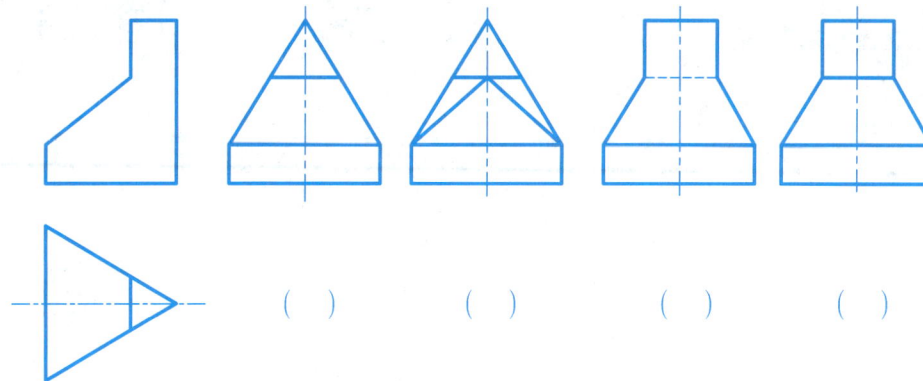

（　）　　　（　）　　　（　）　　　（　）

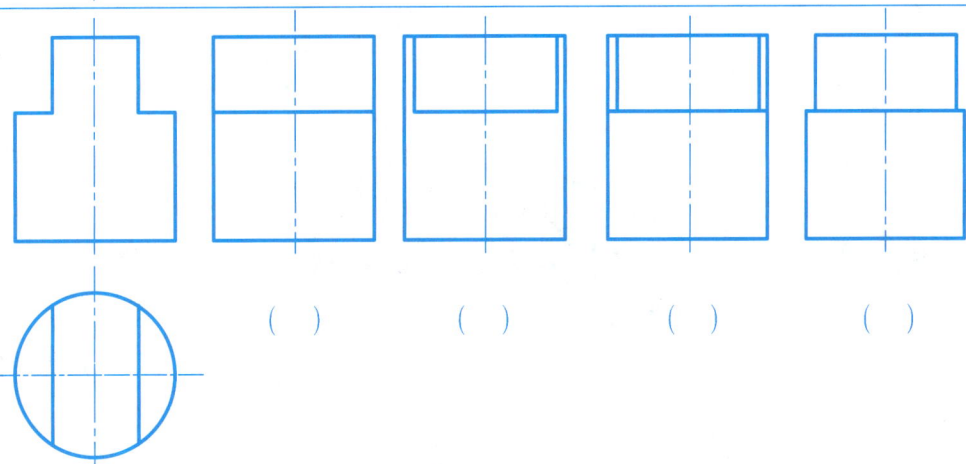

（　）　　　（　）　　　（　）　　　（　）

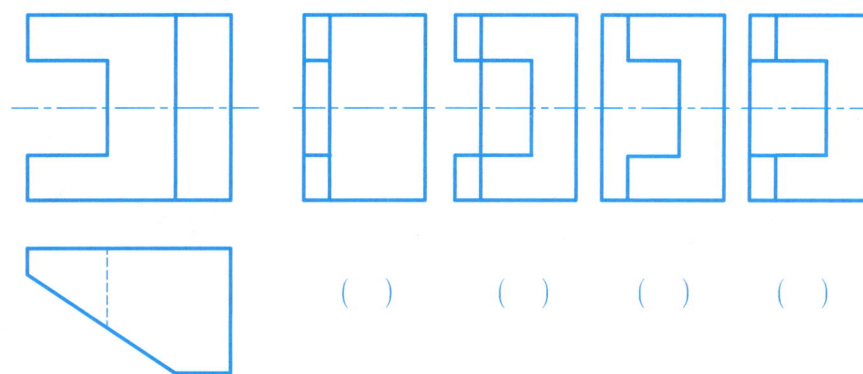

（　）　　　（　）　　　（　）　　　（　）

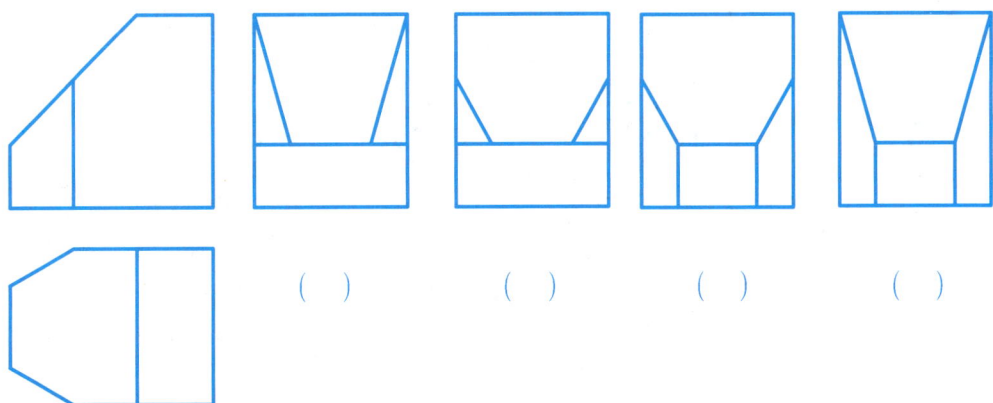

（　）　　　（　）　　　（　）　　　（　）

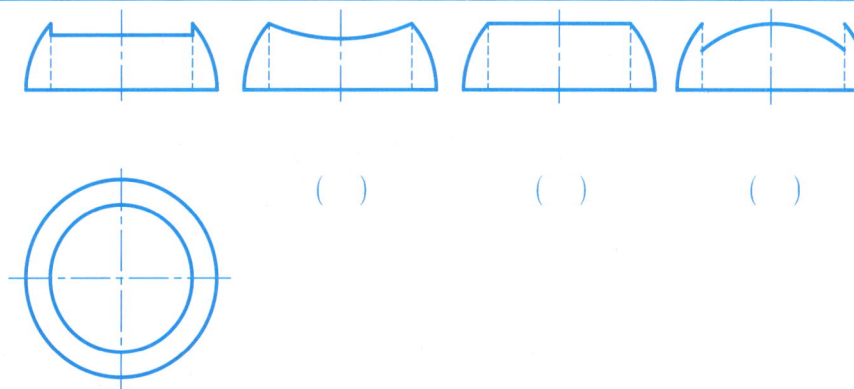

（　）　　　（　）　　　（　）

专业班级		姓名及学号		审阅		成绩	

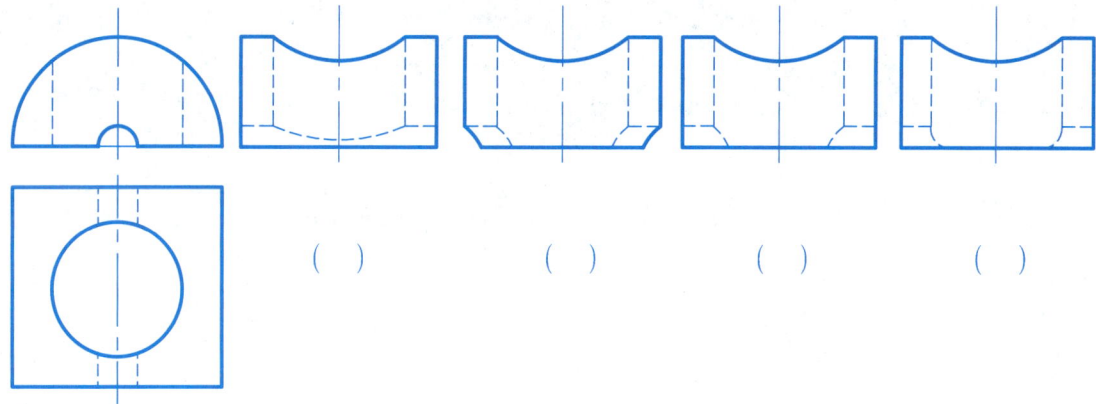

( )　　　　( )　　　　( )　　　　( )

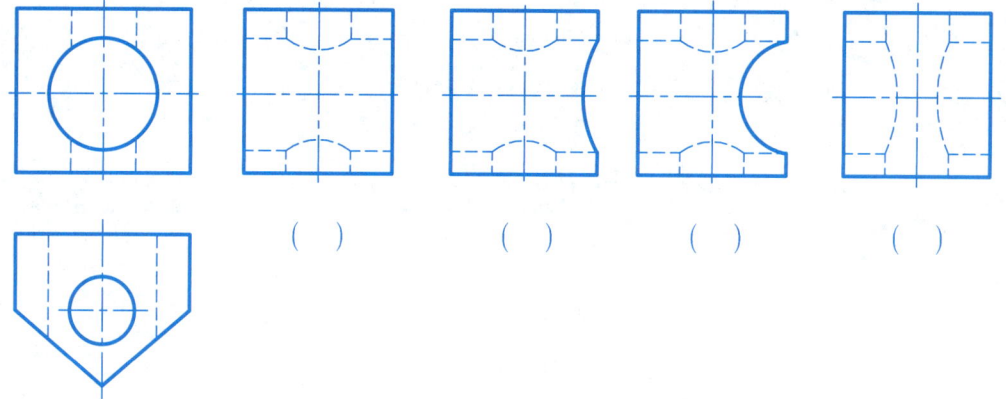

( )　　　　( )　　　　( )　　　　( )

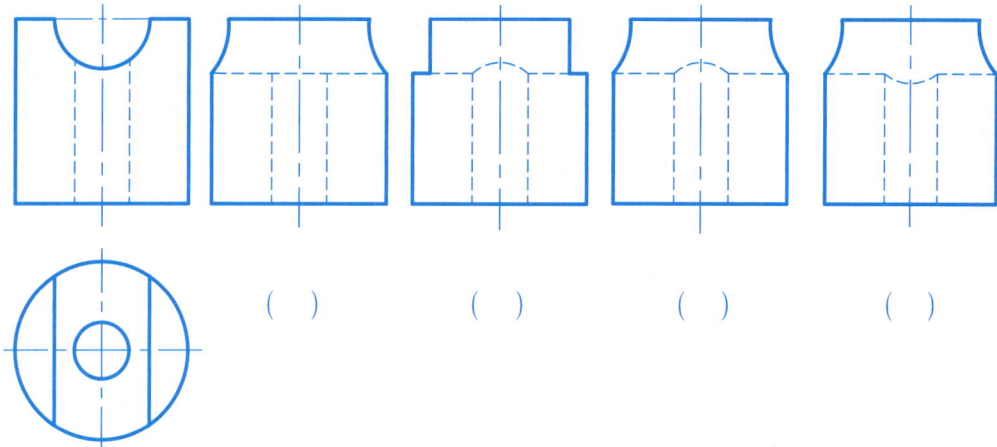

( )　　　　( )　　　　( )　　　　( )

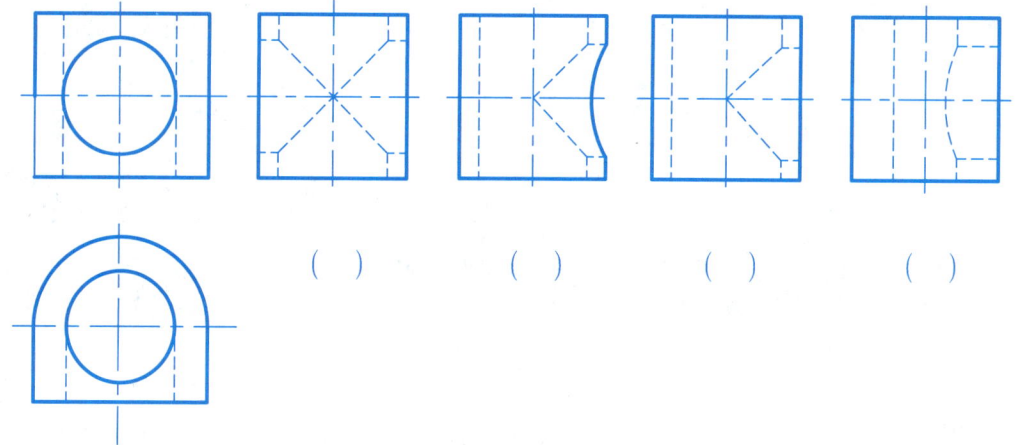

( )　　　　( )　　　　( )　　　　( )

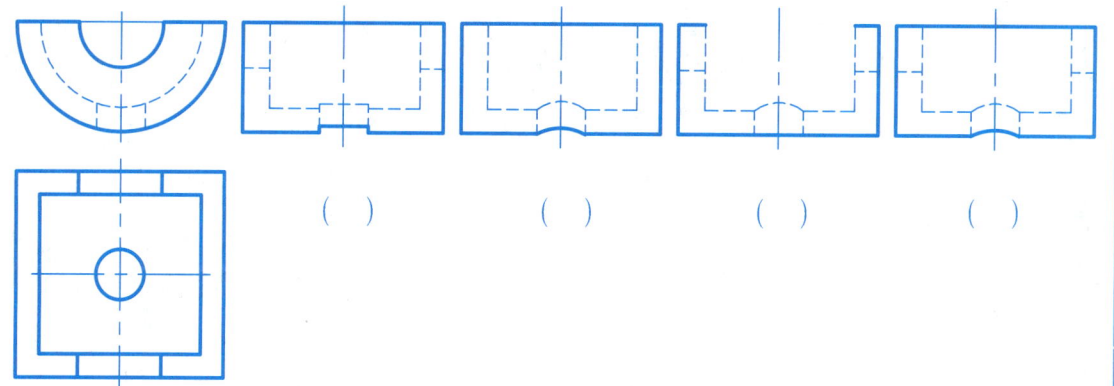

( )　　　　( )　　　　( )　　　　( )

| 专业班级 | | 姓名及学号 | | 审阅 | | 成绩 | |

1.
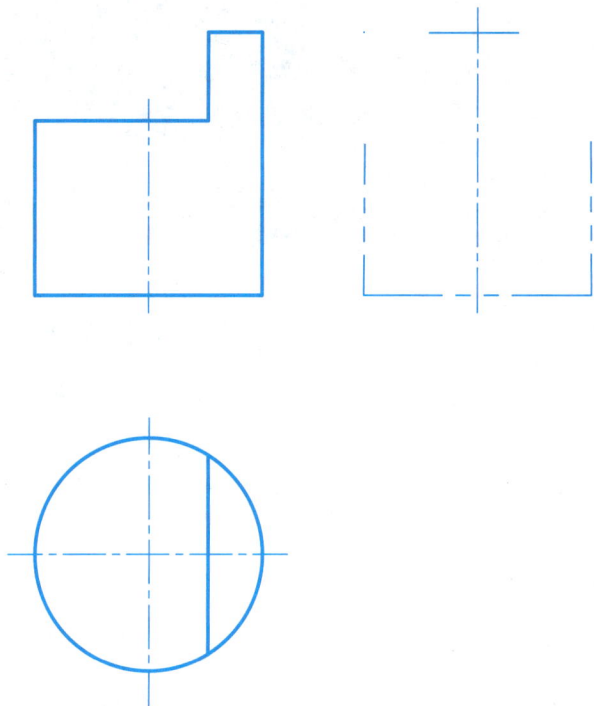

2.
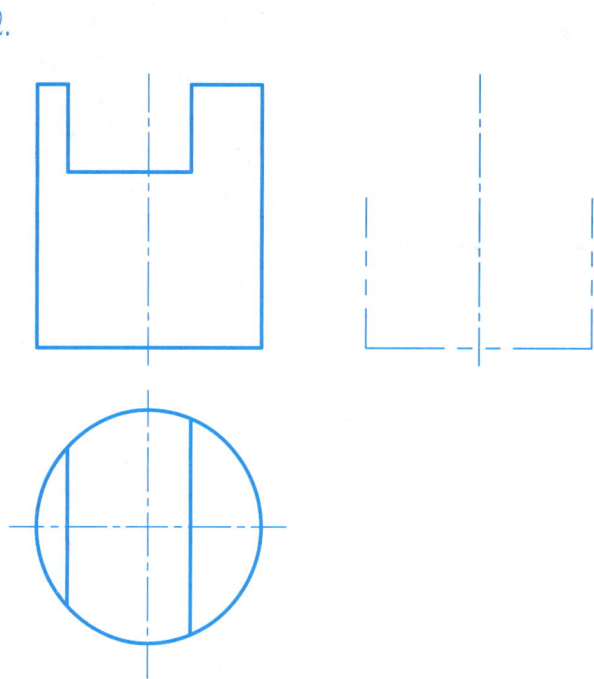

3.
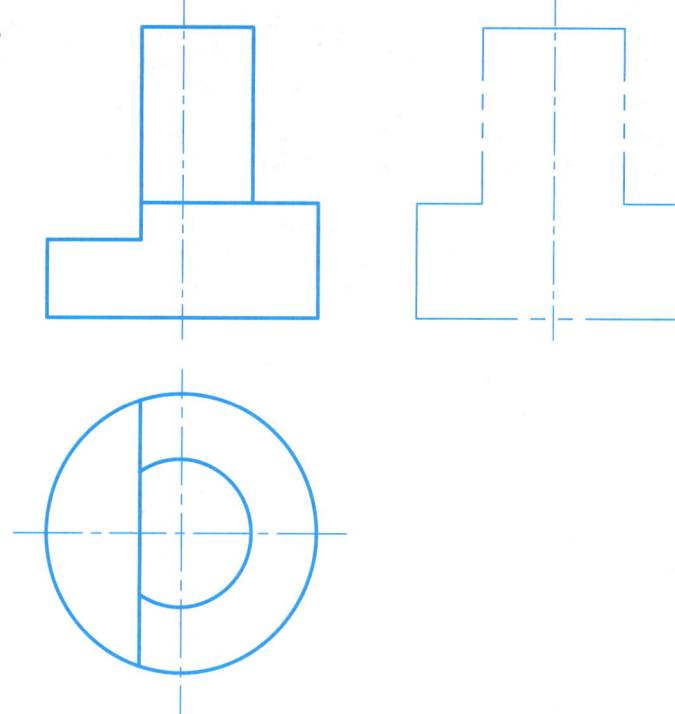

4.
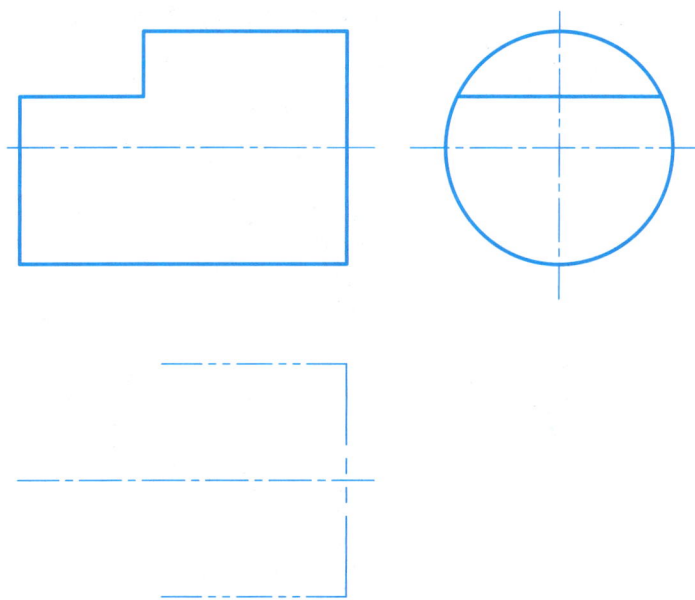

5.
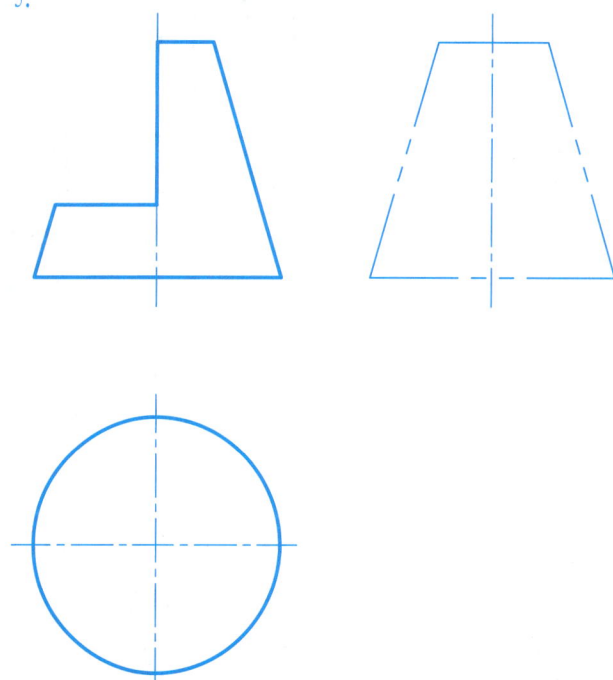

6.
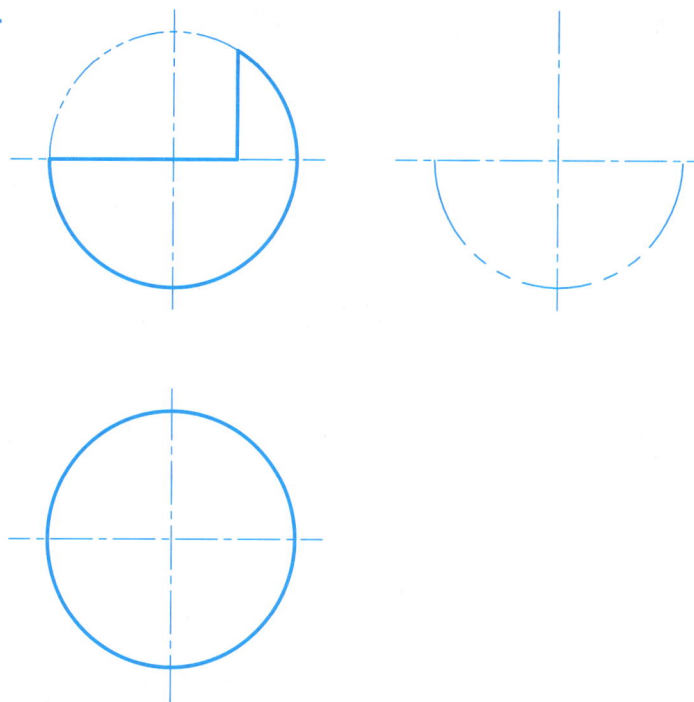

专业班级	姓名及学号	审阅	成绩

4-4 完成相贯体的三面投影

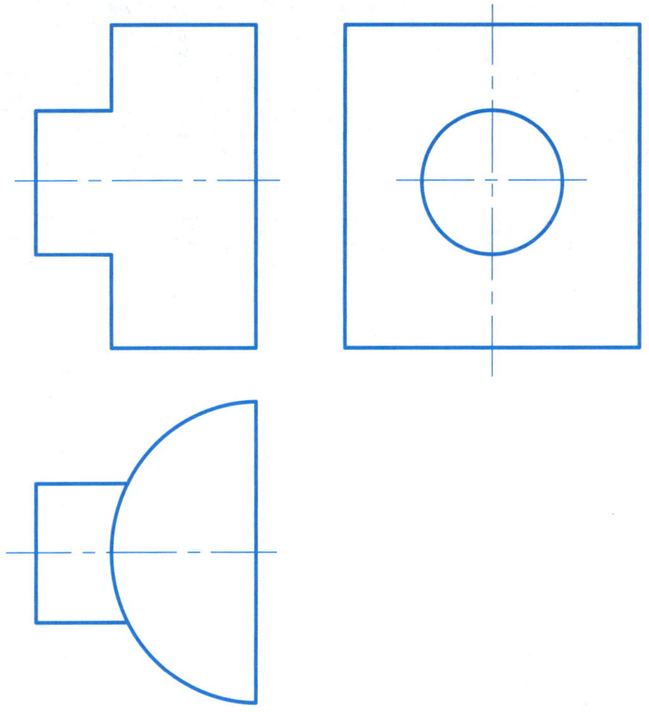

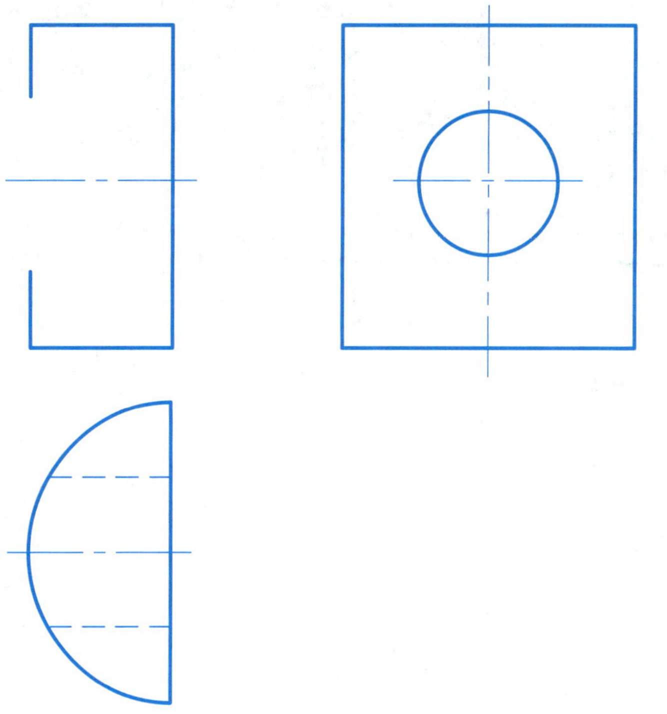

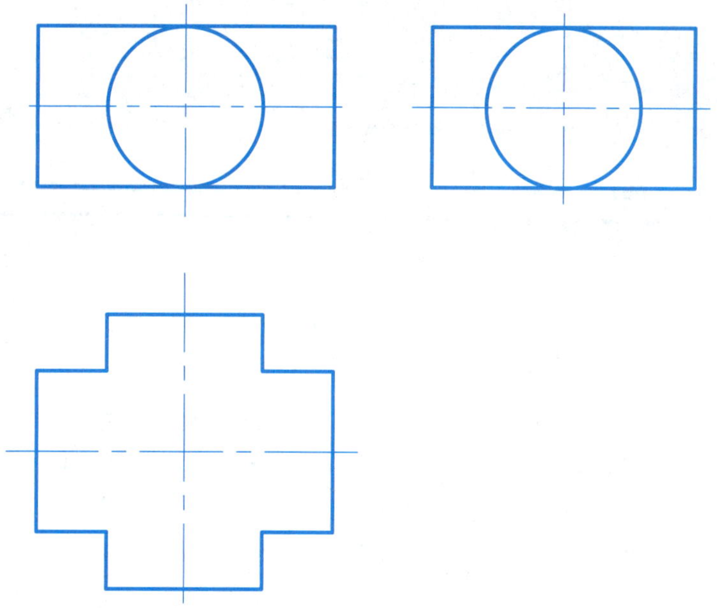

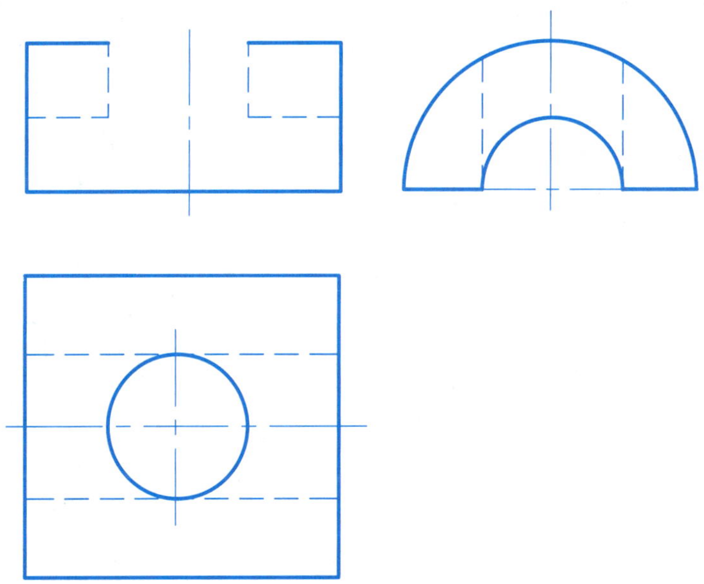

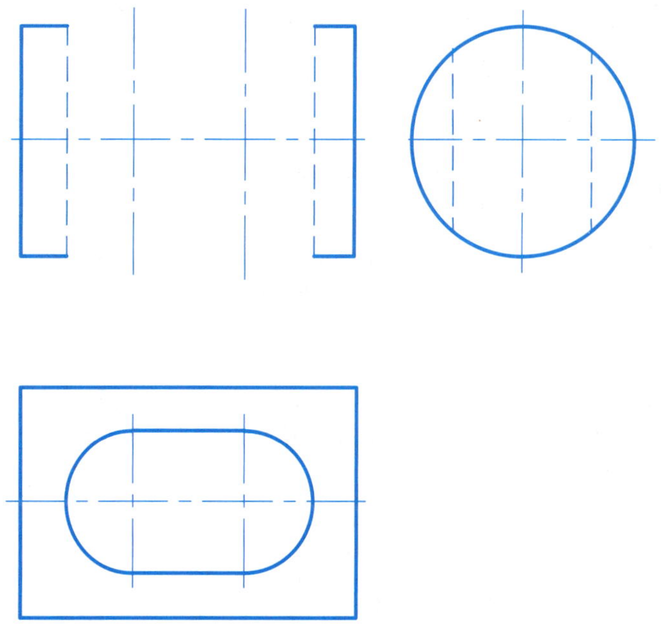

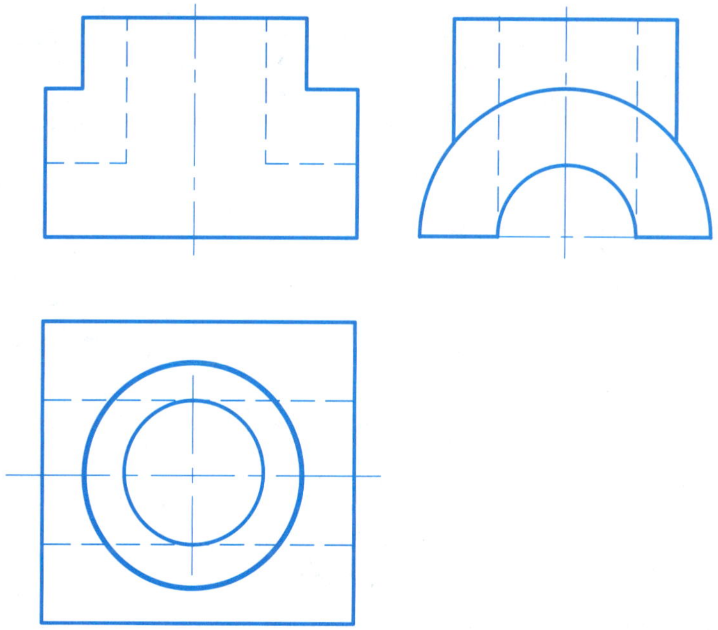

专业班级	姓名及学号	审阅	成绩

第5章 轴 测 图

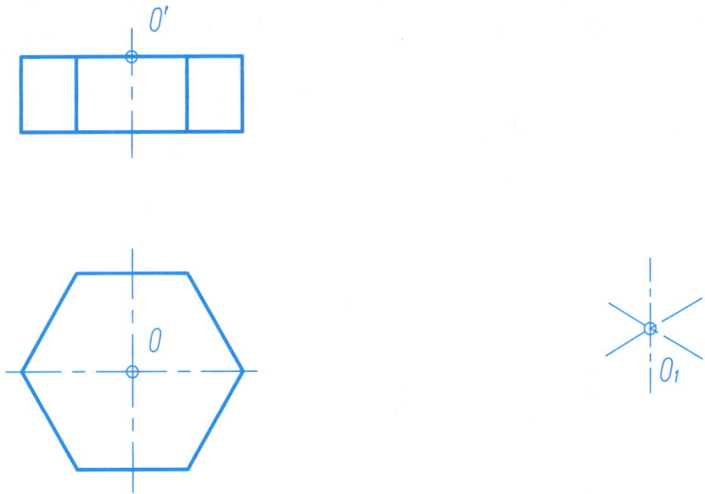

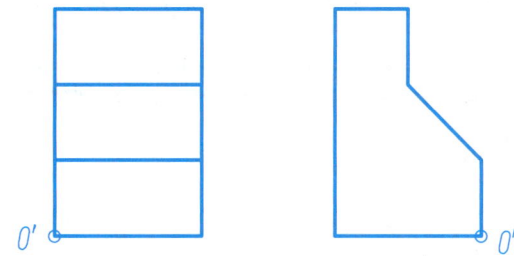

在方箱内完成轴测图。

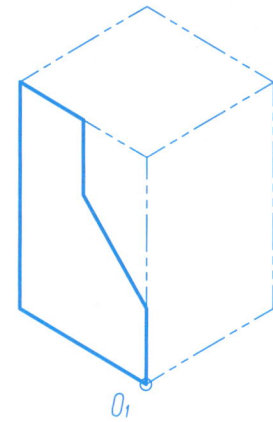

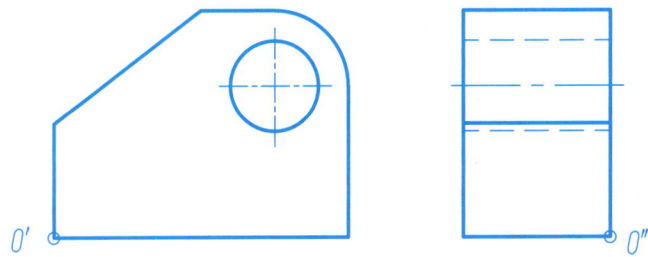

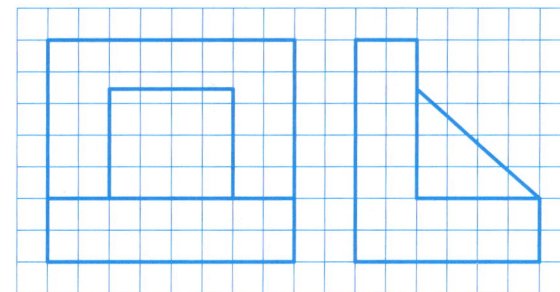

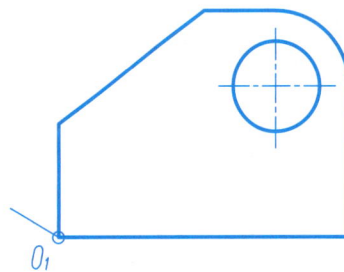

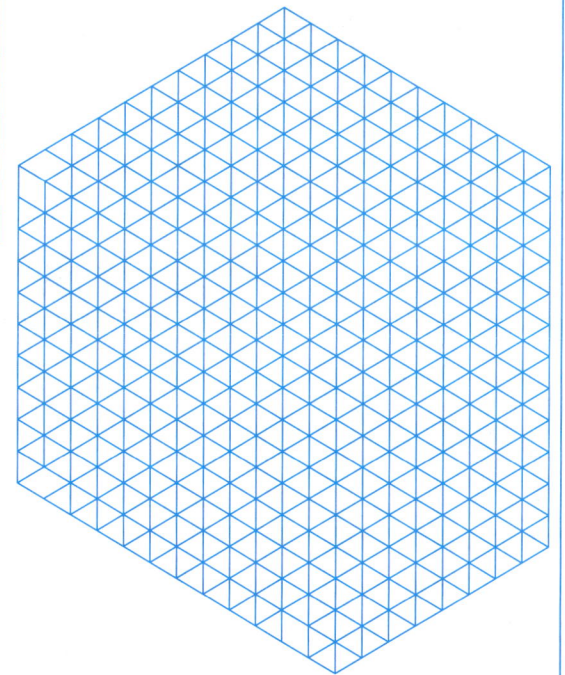

样图

专业班级 | 姓名及学号 | 审阅 | 成绩

1.参照例1，在下面的立体框内，徒手画出三个方向圆柱的正等轴测图，内孔圆的尺寸自定。

例1

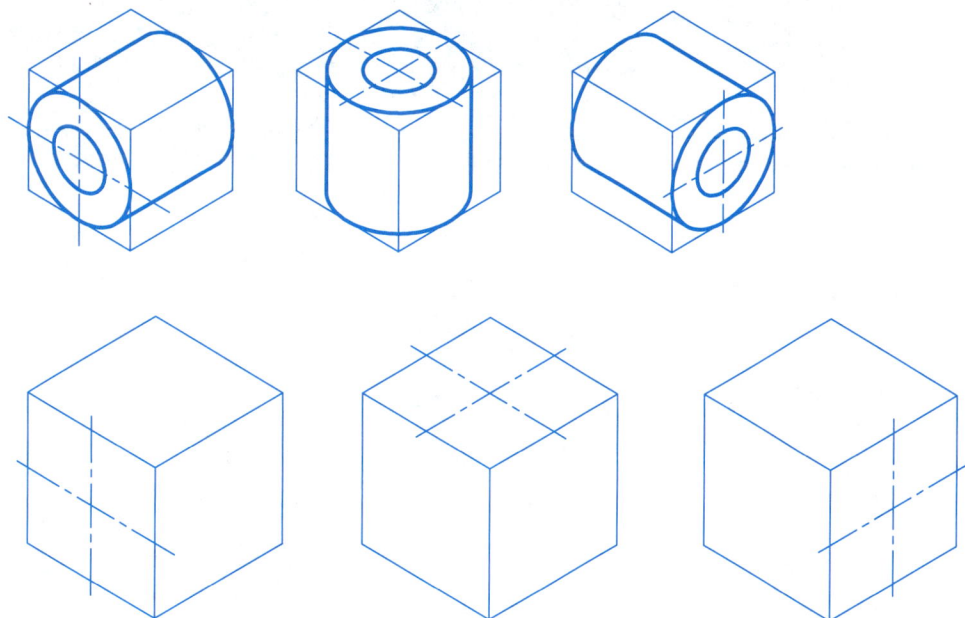

2.参照例2，徒手画出底板的圆角。

例2

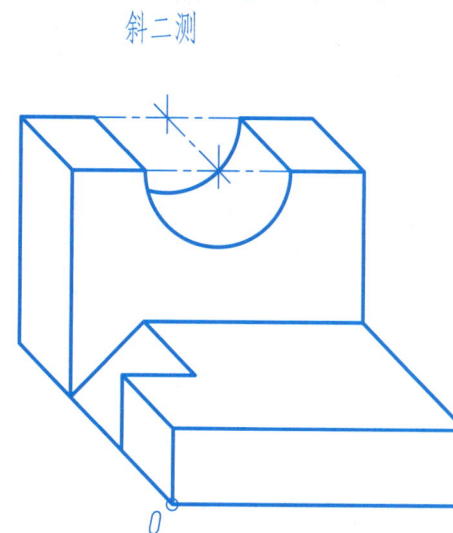

3.先以1:1的比例在上方空白处绘制出下列物体的三视图，再以2:1的比例在指定的位置抄画出轴测图。

斜二测

O

O₁

专业班级 | 姓名及学号 | 审阅 | 成绩

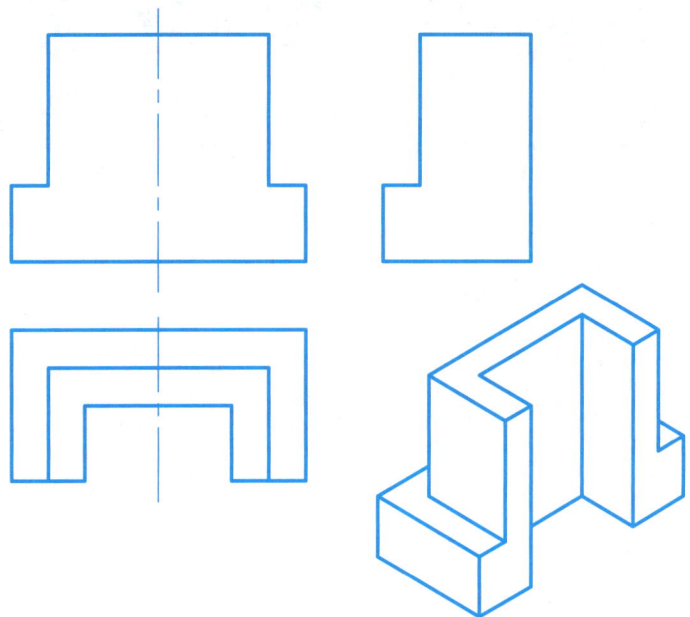

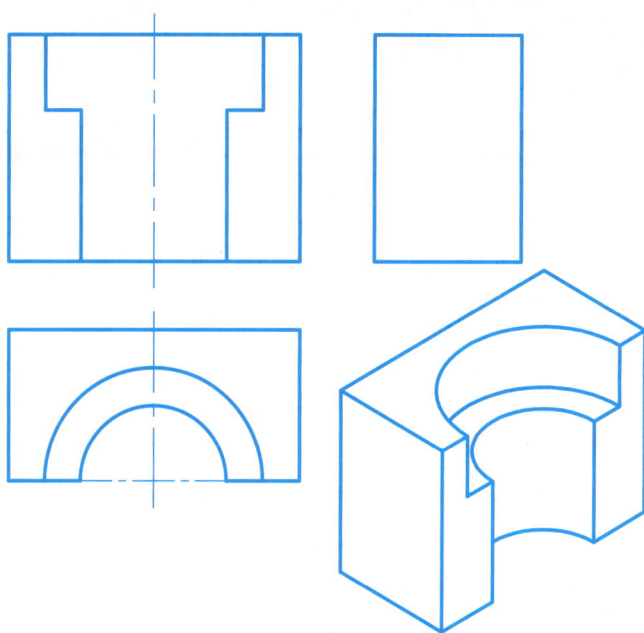

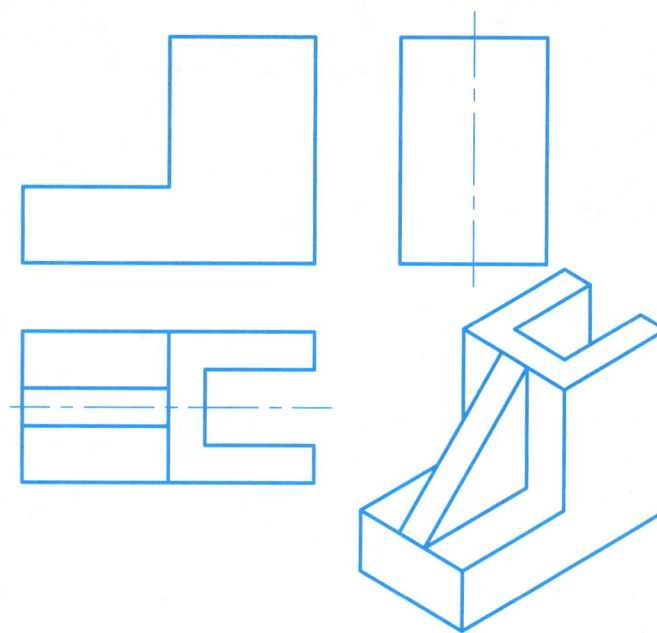

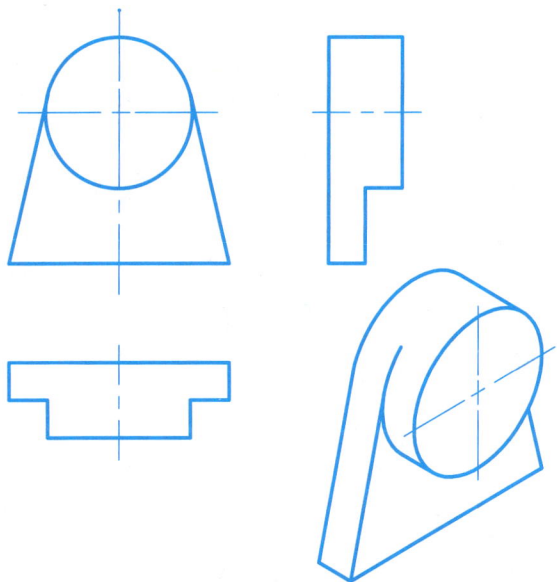

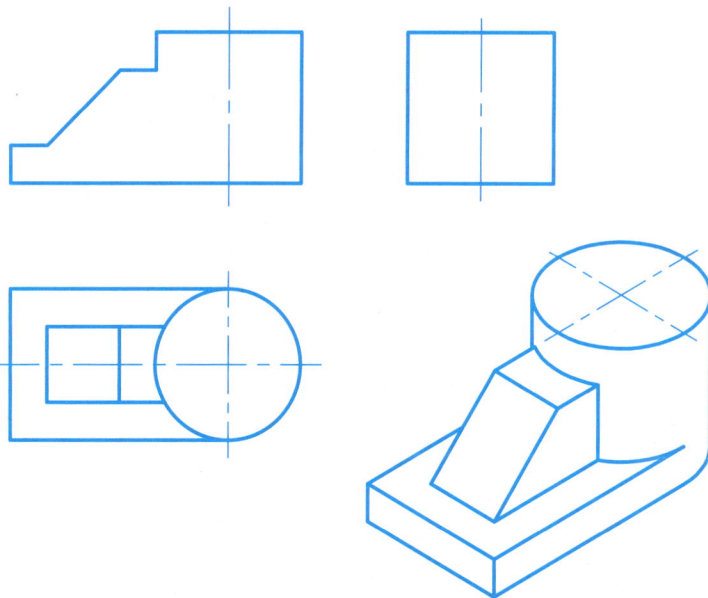

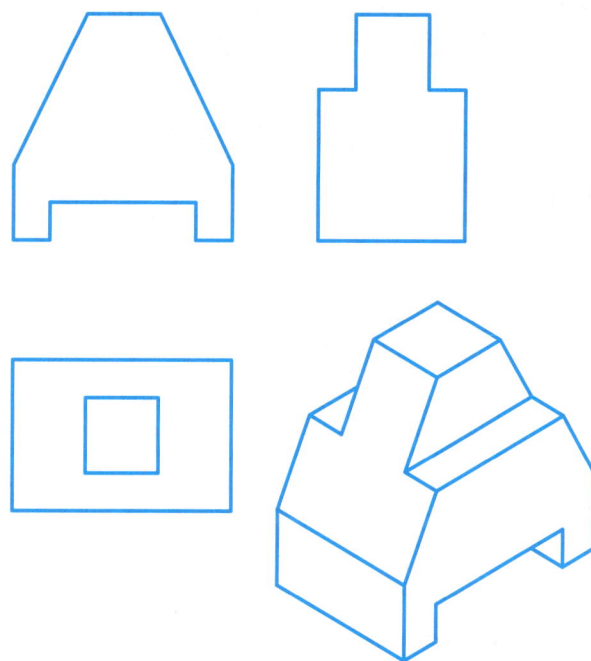

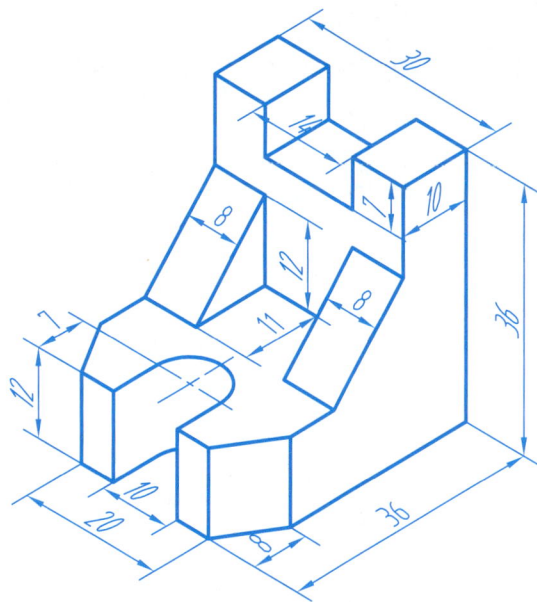

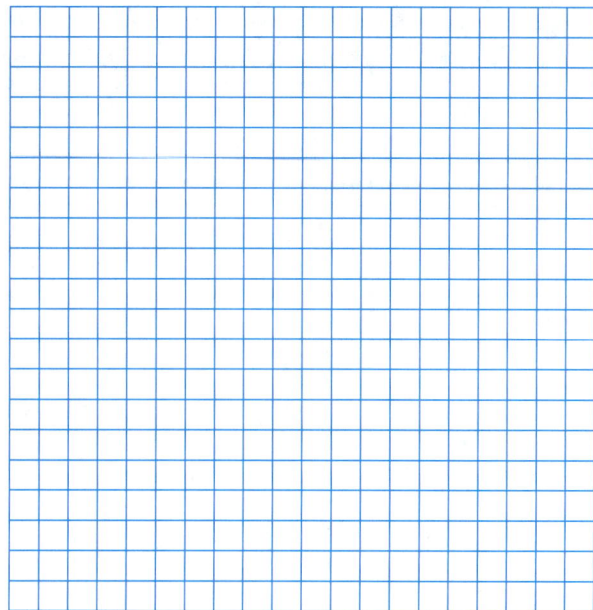

尺寸在轴测图中按1:1的比例度量。

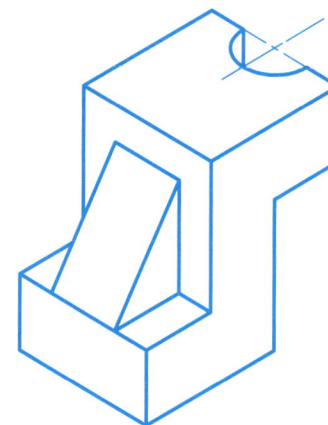

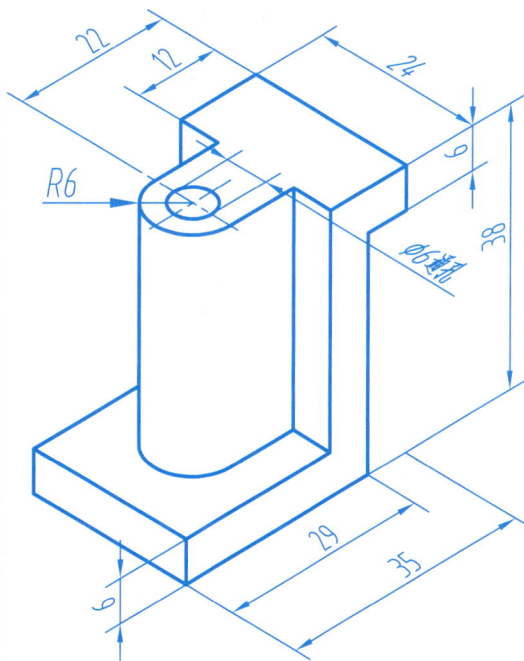

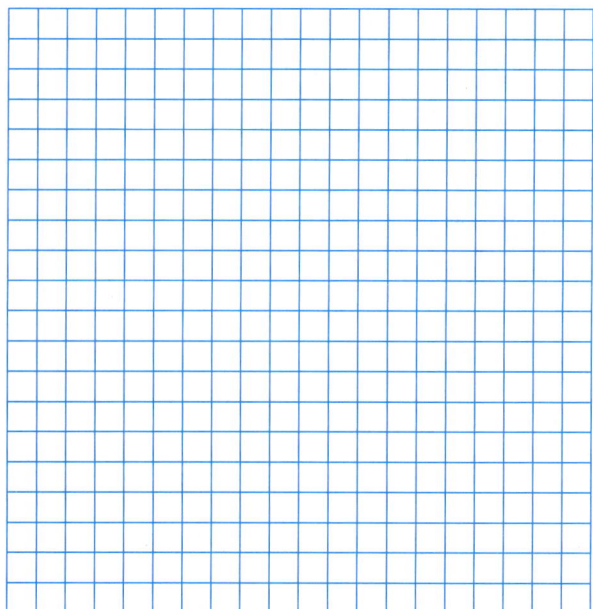

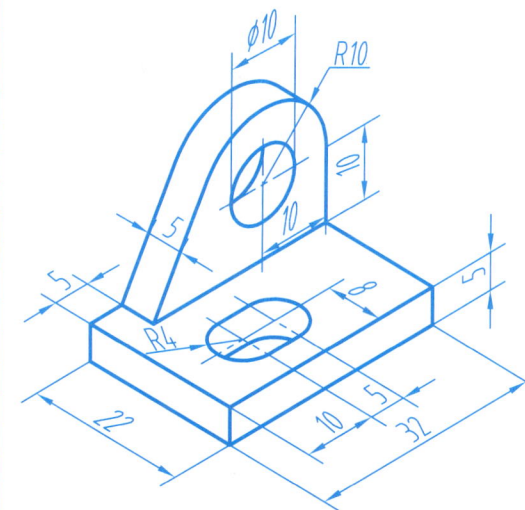

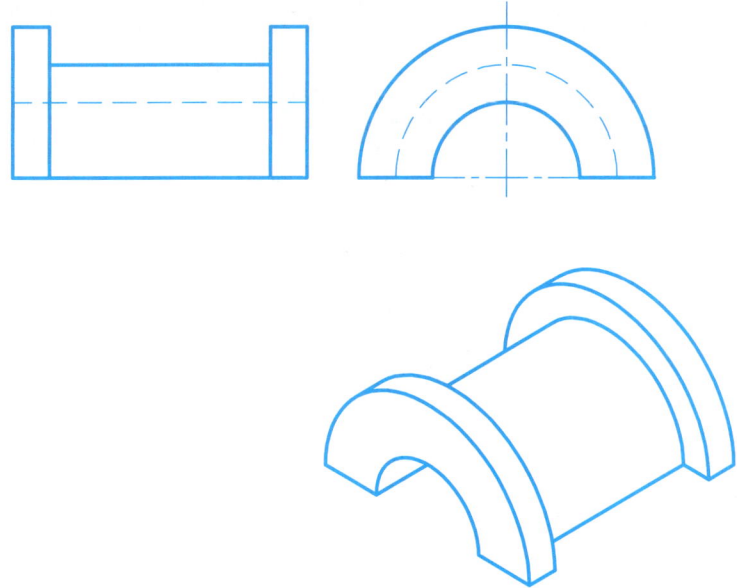

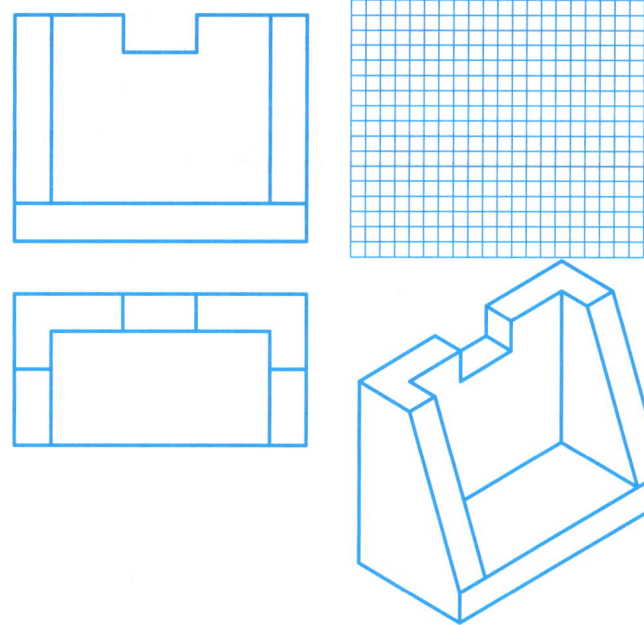

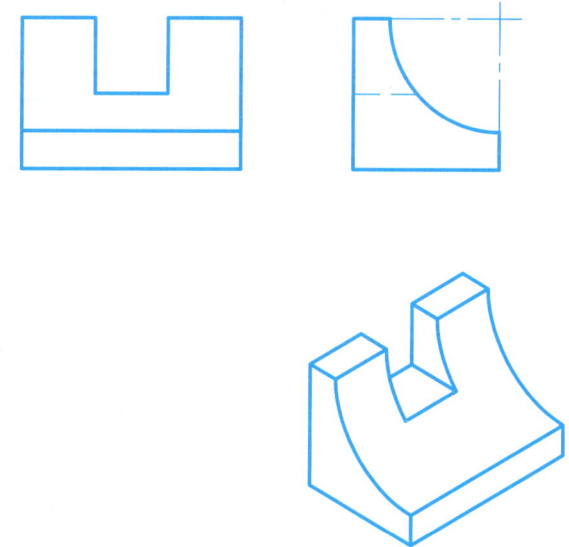

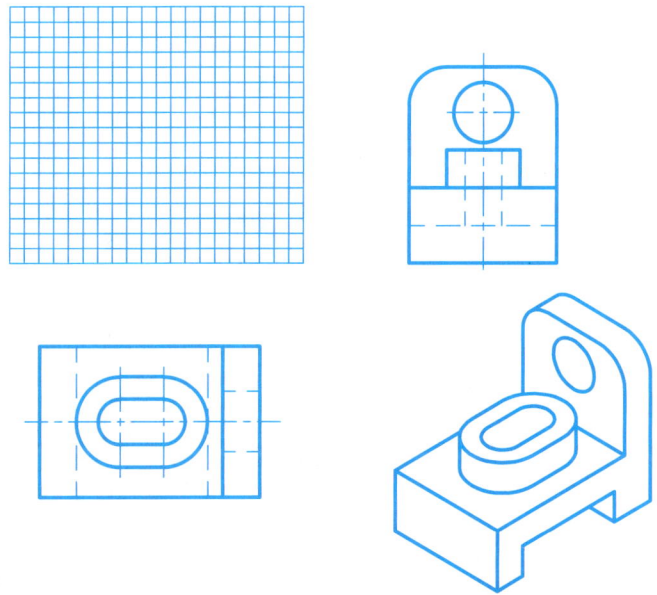

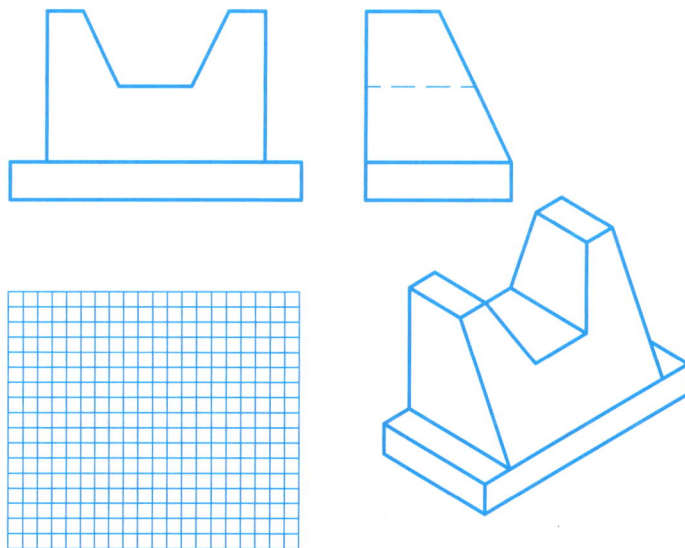

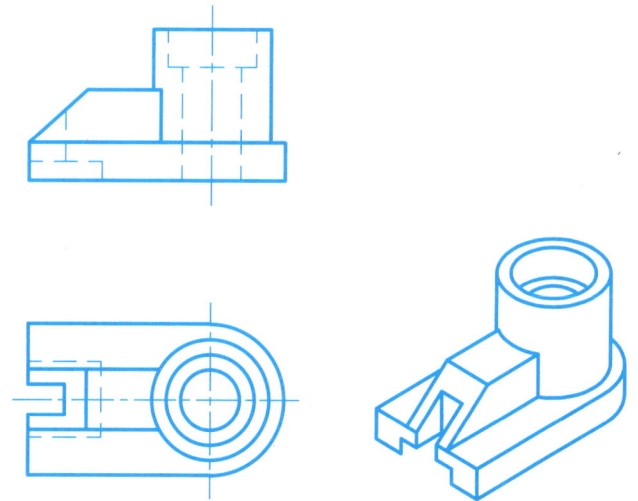

专业班级　　姓名及学号　　审阅　　成绩

1.

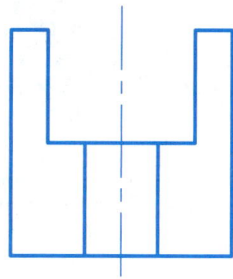

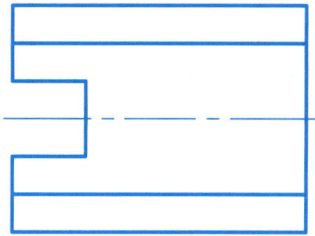

2.

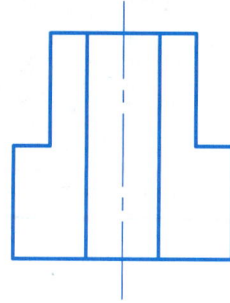

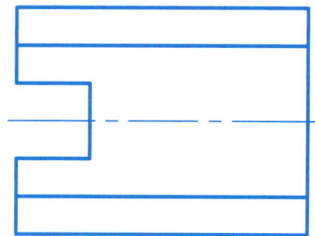

3.

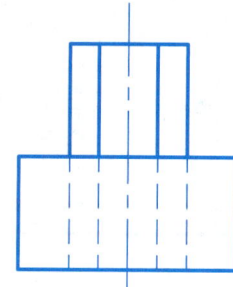

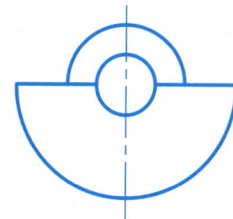

4.

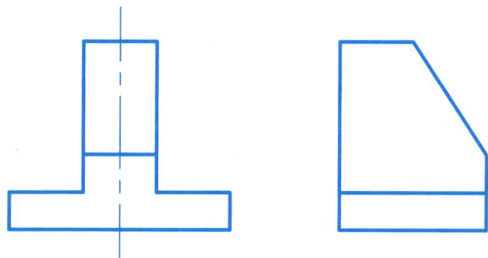

5.

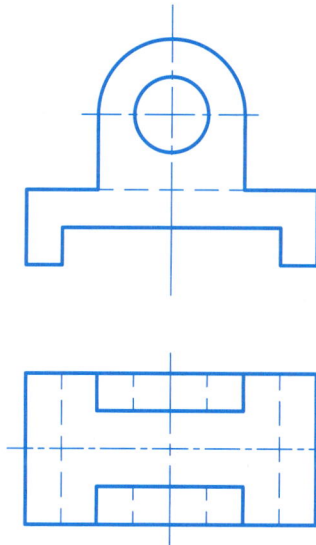

6.

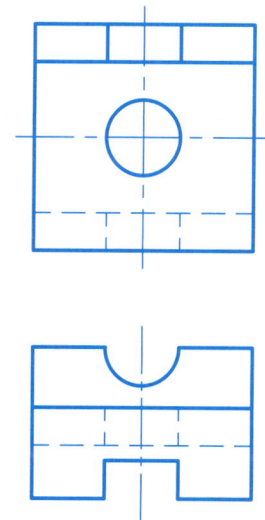

| 专业班级 | 姓名及学号 | 审阅 | 成绩 |

1. 提示：主、俯视图有漏线。

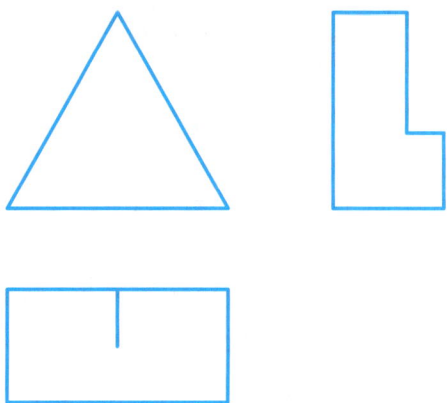

2. 提示：主、俯视图有漏线。

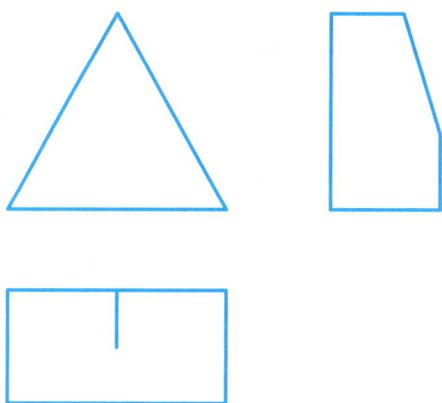

3. 提示：三个视图中有漏线。

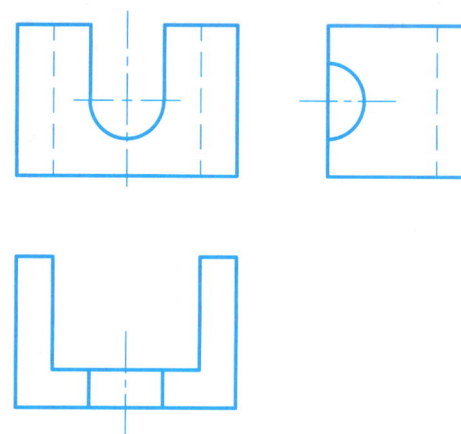

4. 提示：三个视图中有漏线。

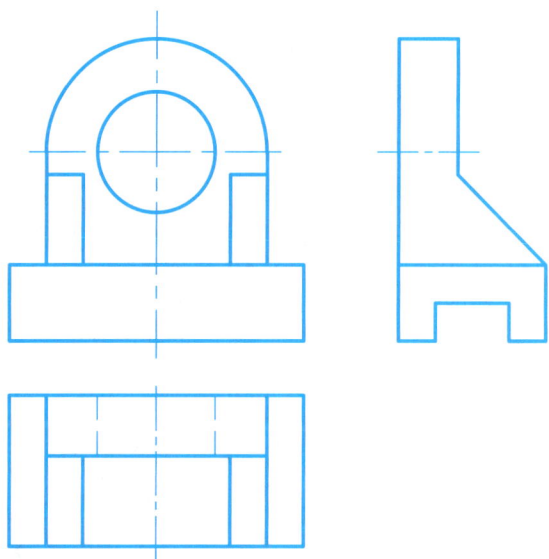

5. 提示：三个视图中有漏线。

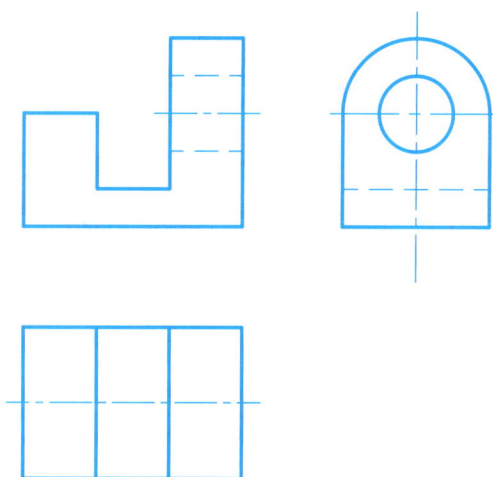

6. 提示：俯视图中有漏线。

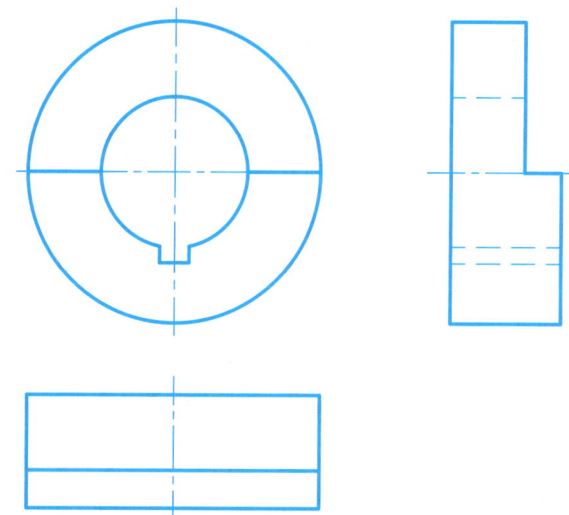

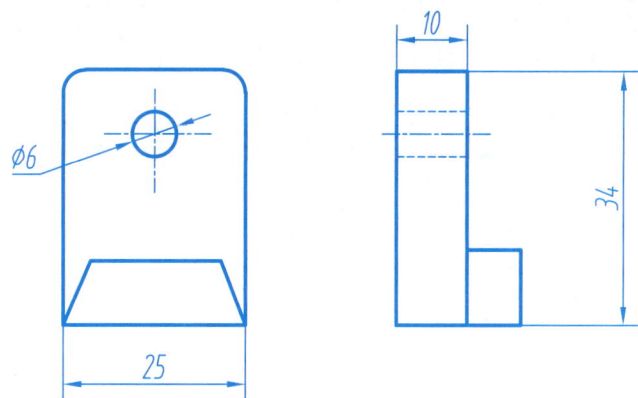

漏五个尺寸

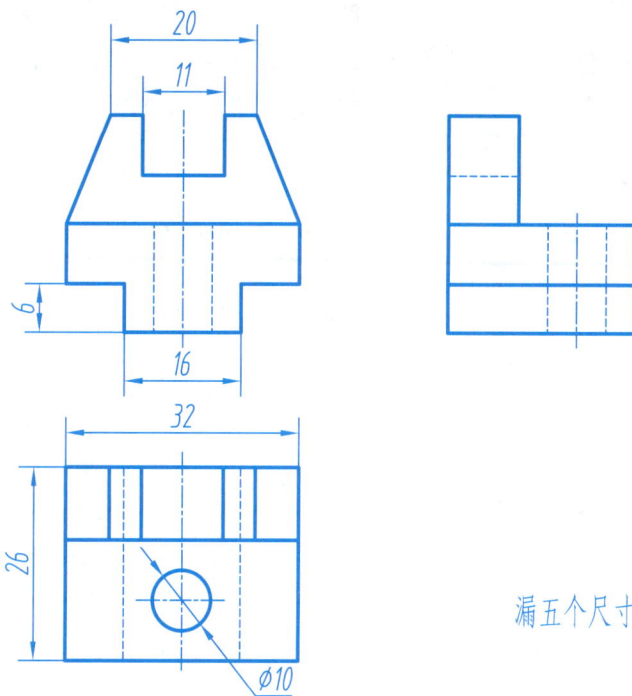

漏五个尺寸

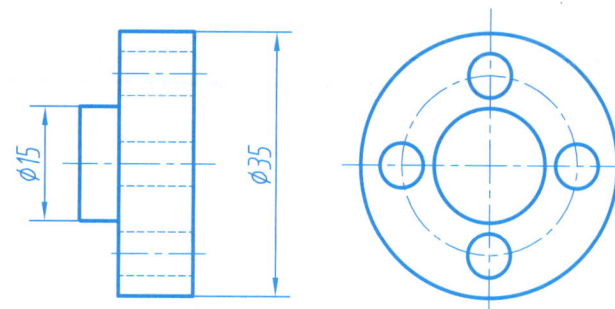

6-7 看懂视图及尺寸，填空

1. 该组合体图中带圆角的底座长为46，宽为＿＿，高为＿＿＿，圆角半径为＿＿；其中有4个小圆孔，其定位尺寸为＿＿＿＿＿，孔径为＿＿。

2. 在底座的上方正中立有一个带方孔的四棱柱，其长为23，宽为＿＿＿，高为＿＿＿，其中方孔的尺寸为＿＿＿＿＿＿＿＿。

3. 在组合体的前、后方叠加有两个圆筒，其圆筒的定位尺寸为＿＿＿＿，圆筒外径为＿＿＿＿，孔径为＿＿＿＿。

4. 支撑板的长为5，宽为＿＿＿＿，高为＿＿＿＿。

5. 组合体总长为＿＿＿＿＿，总宽为＿＿＿＿，总高为＿＿＿＿。图中18为＿＿＿尺寸，2×φ6为＿＿＿尺寸。

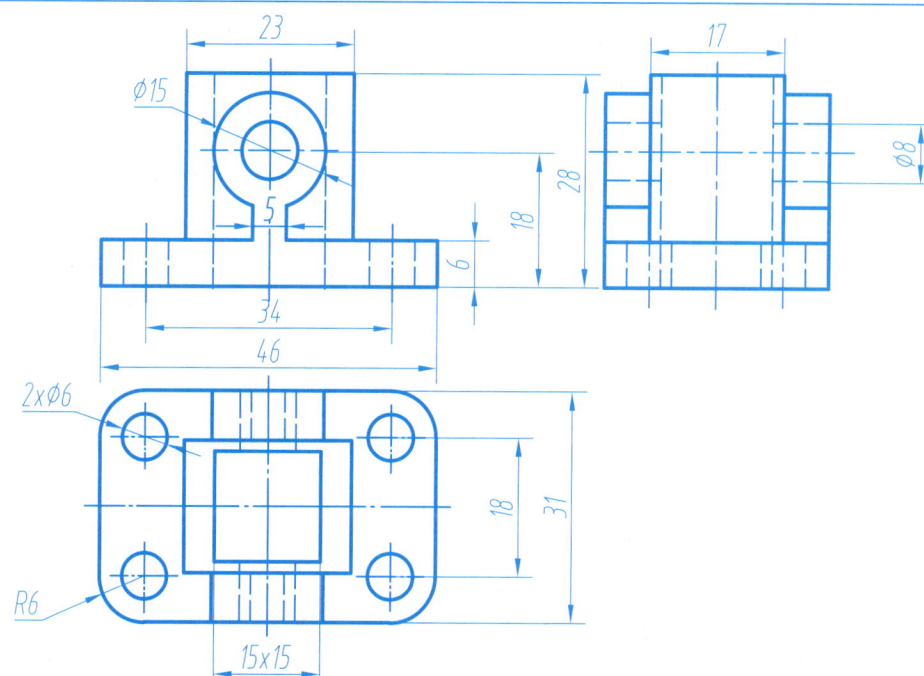

1. 已知物体的主、左、俯视图，按照基本视图的配置画出它的右、仰、后视图。

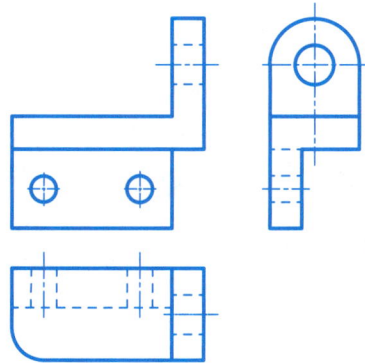

2. 在指定位置作仰视图。

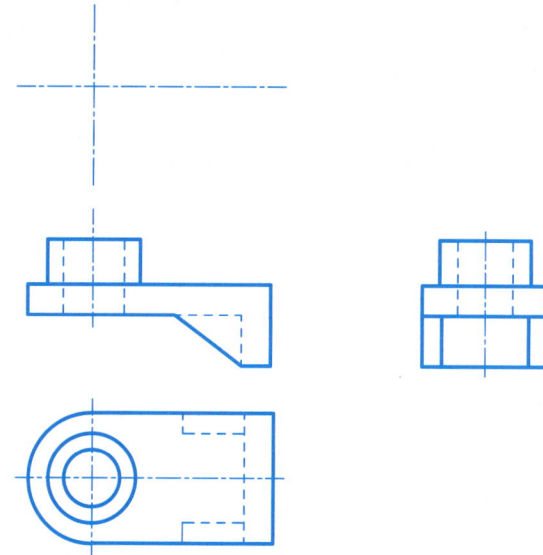

3. 画出斜视图A和局部视图B(需要的尺寸直接从立体图上按1∶1的比例量取)。

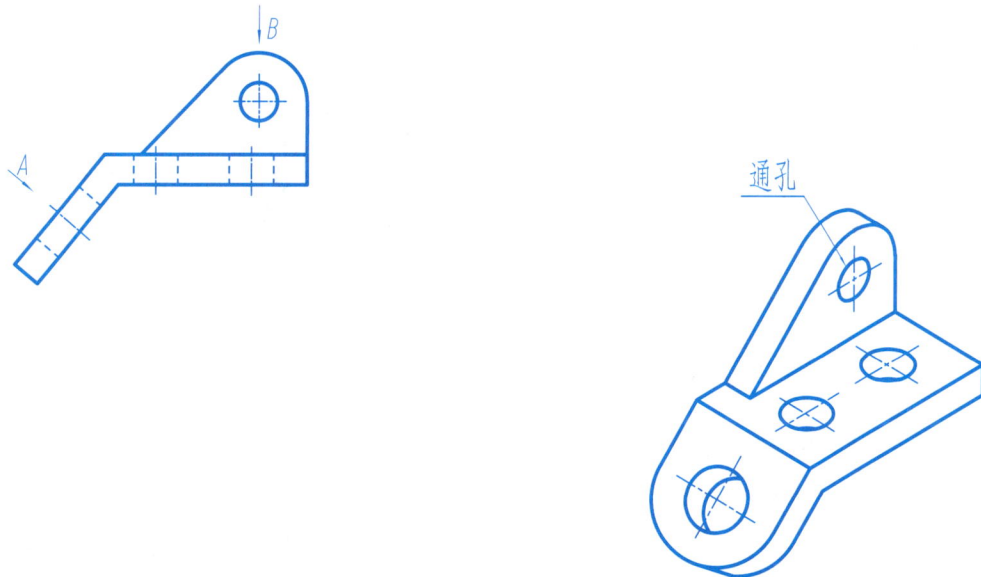

B

A

通孔

4. 作A向斜视图。

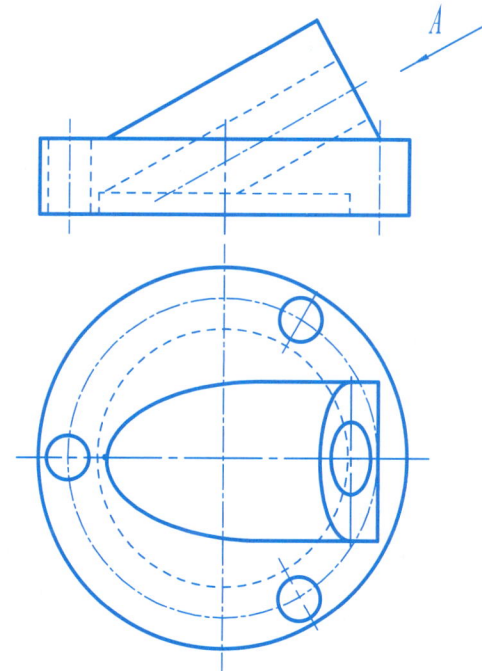

A

专业班级　　　姓名及学号　　　审阅　　　成绩

1. 补全剖视图中所缺的图线。

2. 根据立体图把主视图画成全剖视图。

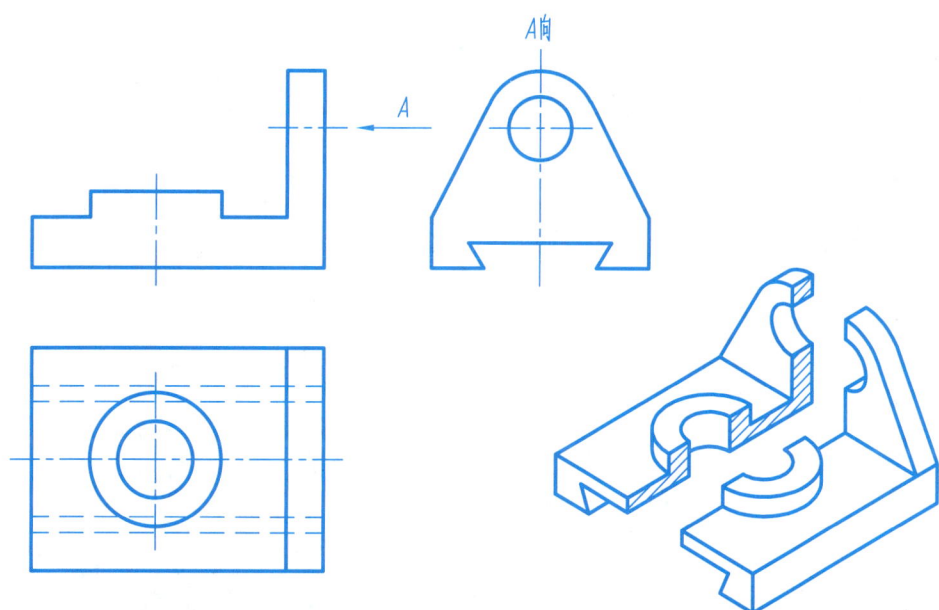

A向

A

3. 根据立体图把主视图画成全剖视图。

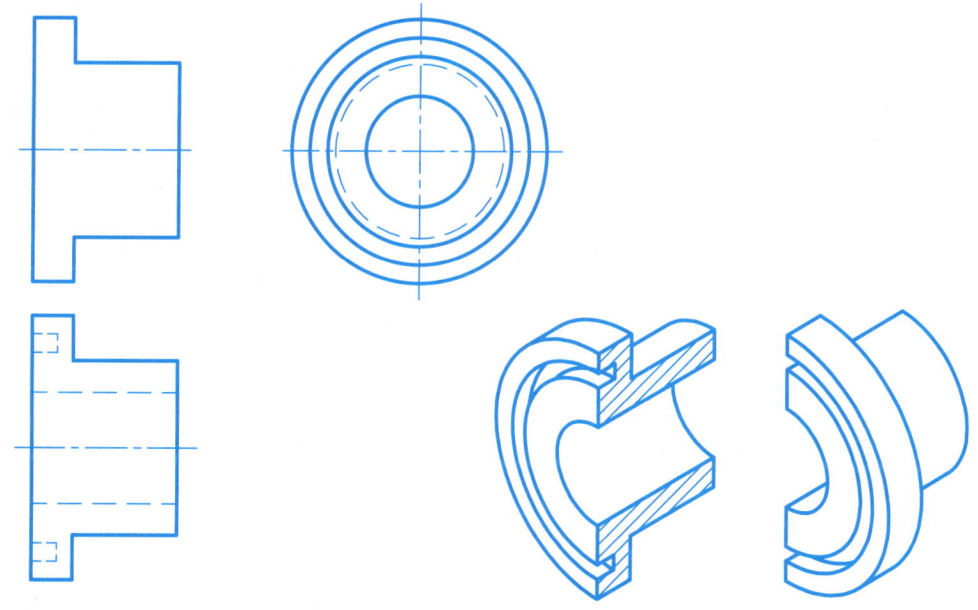

1. 在指定位置，将主视图画成半剖视图。

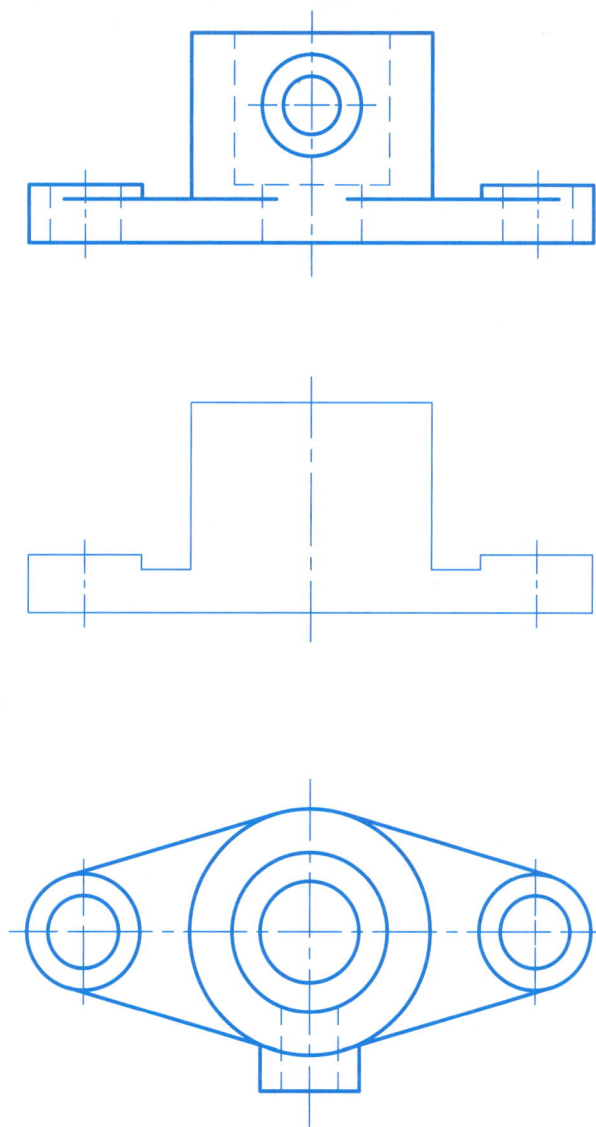

2. 在指定位置把主视图画成全剖视图。

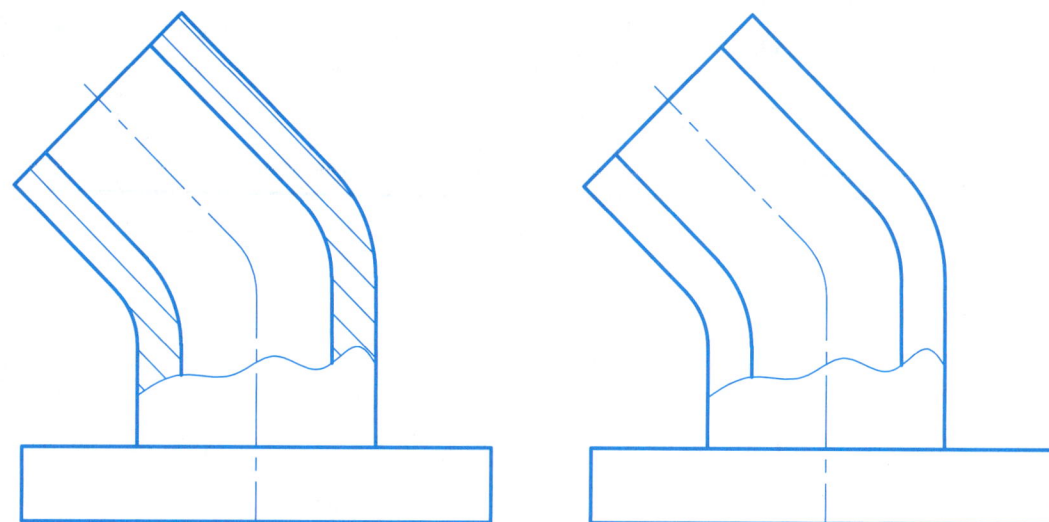

3. 把主视图画成半剖视图。

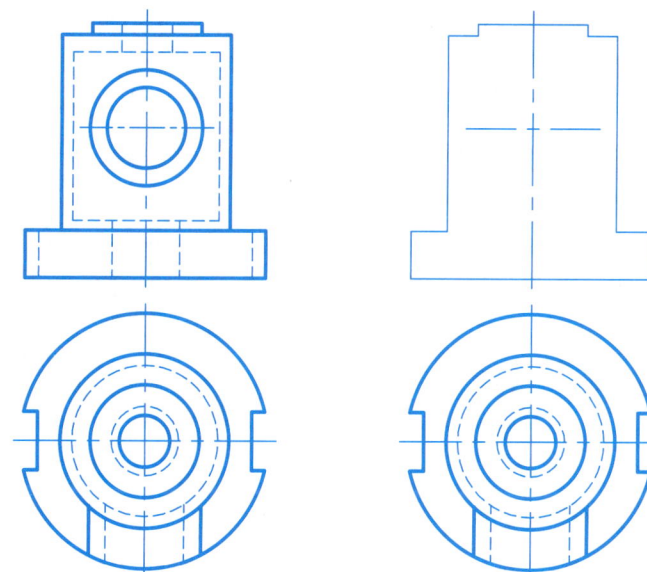

1.分析视图的错误，在右边画出正确的局部剖视图。

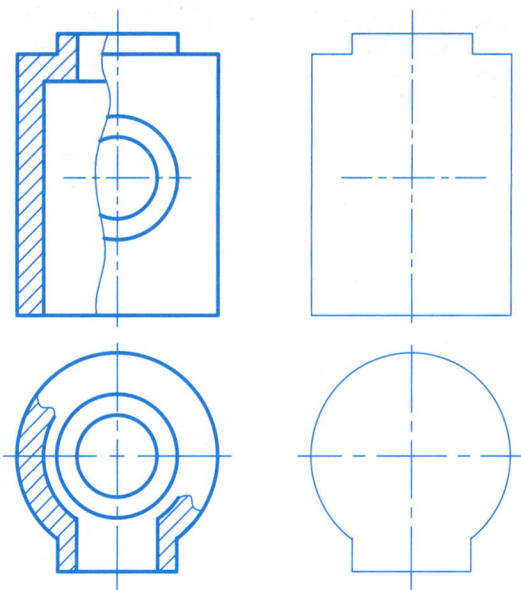

3.在指定位置把主视图、俯视图画成局部视图。

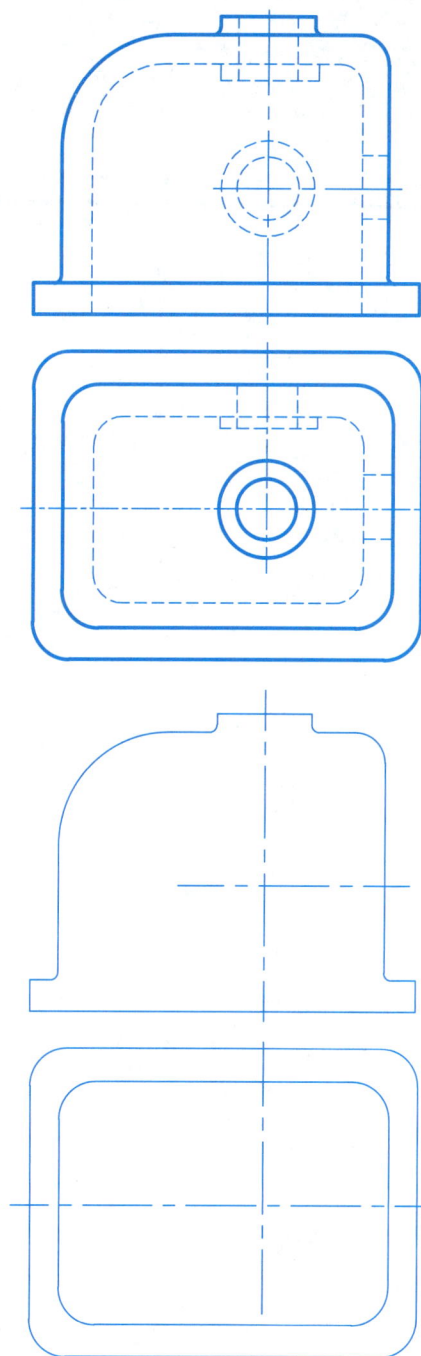

2.在原图中将视图改成局部剖视图。

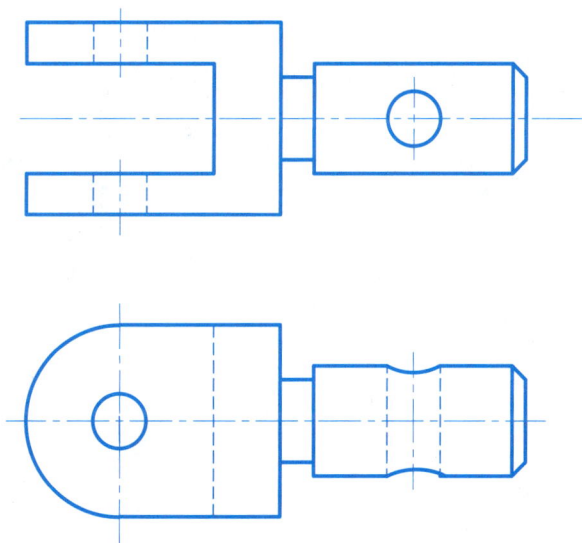

1.在指定位置将主视图画成旋转剖视图，并正确标注。

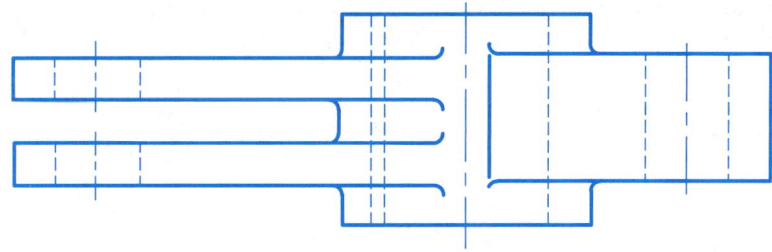

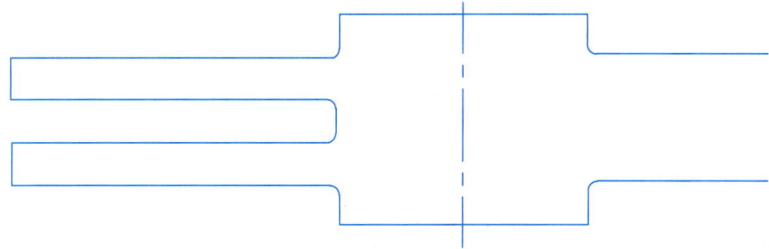

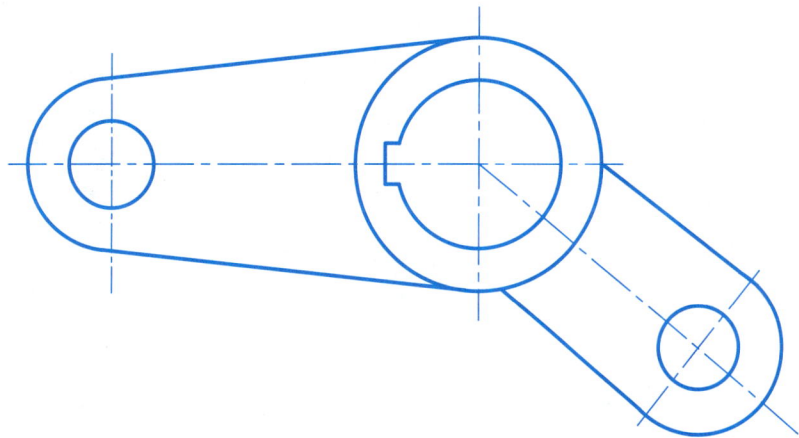

2.将主视图画成阶梯剖视图。

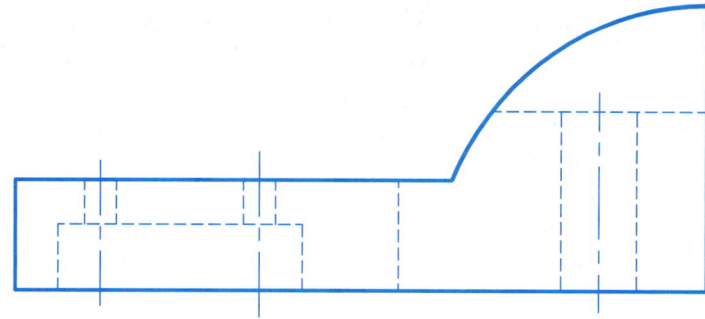

$A-A$

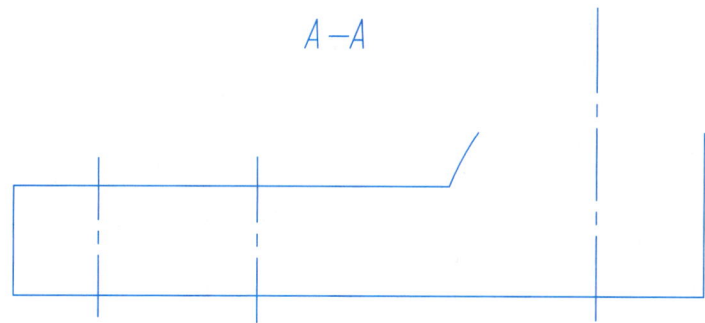

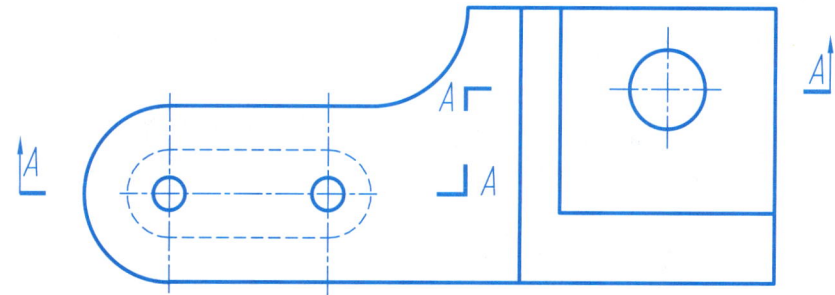

| 专业班级 | 姓名及学号 | 审阅 | 成绩 |

1. 在视图下方的各断面图中选出正确的断面。

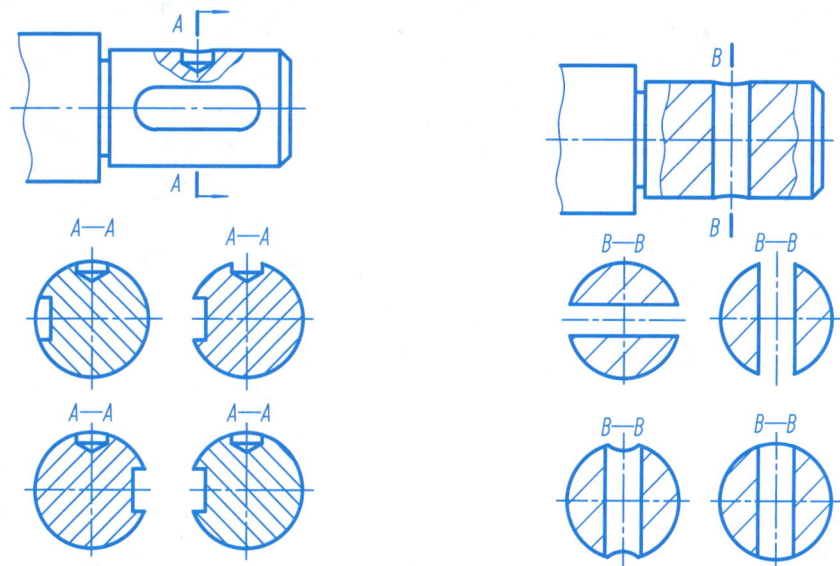

A—A　　A—A

A—A　　A—A

B—B　　B—B

B—B　　B—B

2. 作出指定位置轴的三处移出断面，并正确标注。

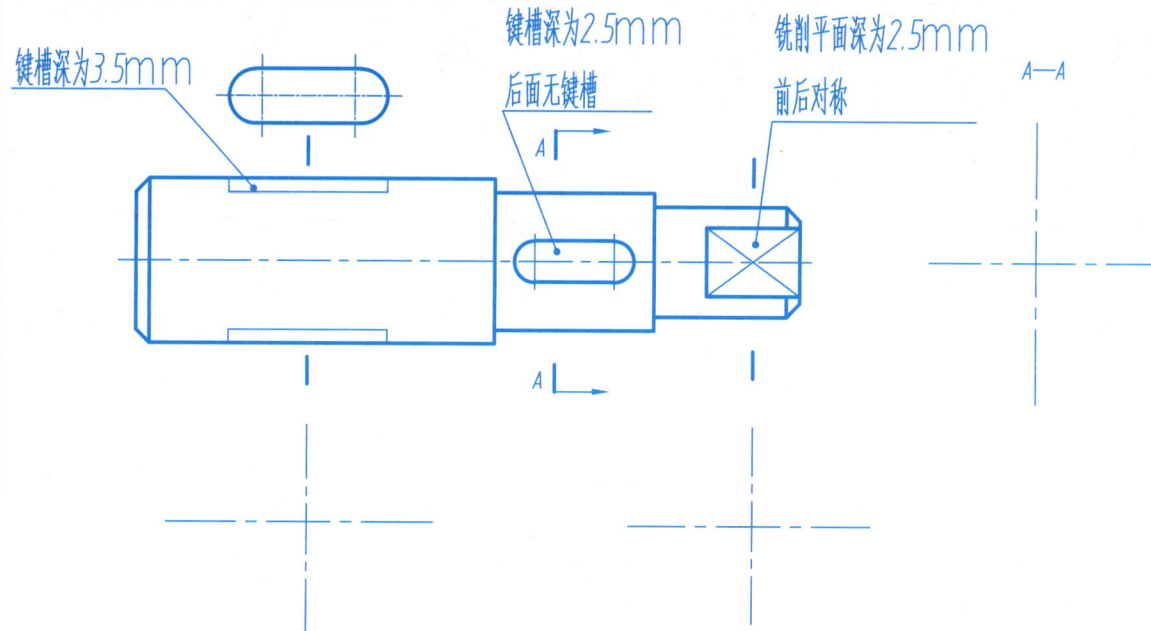

键槽深为3.5mm

键槽深为2.5mm
后面无键槽

铣削平面深为2.5mm
前后对称

A—A

3. 改正图中错误的断面画法和标注方法。

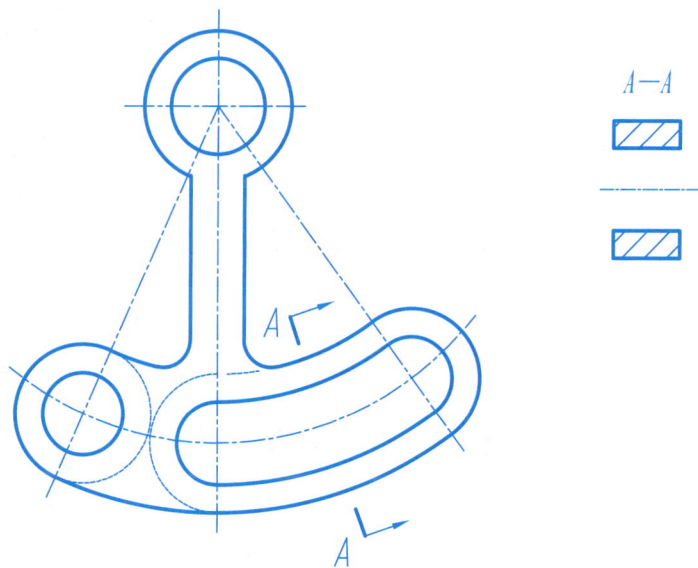

A—A

4. 图（1）用了两个视图表达槽钢的形状，如何在图（2）中用一个图形替代图（1）。

（1）

（2）

专业班级　　姓名及学号　　审阅　　成绩

1. 按2:1的比例抄画剖视图。

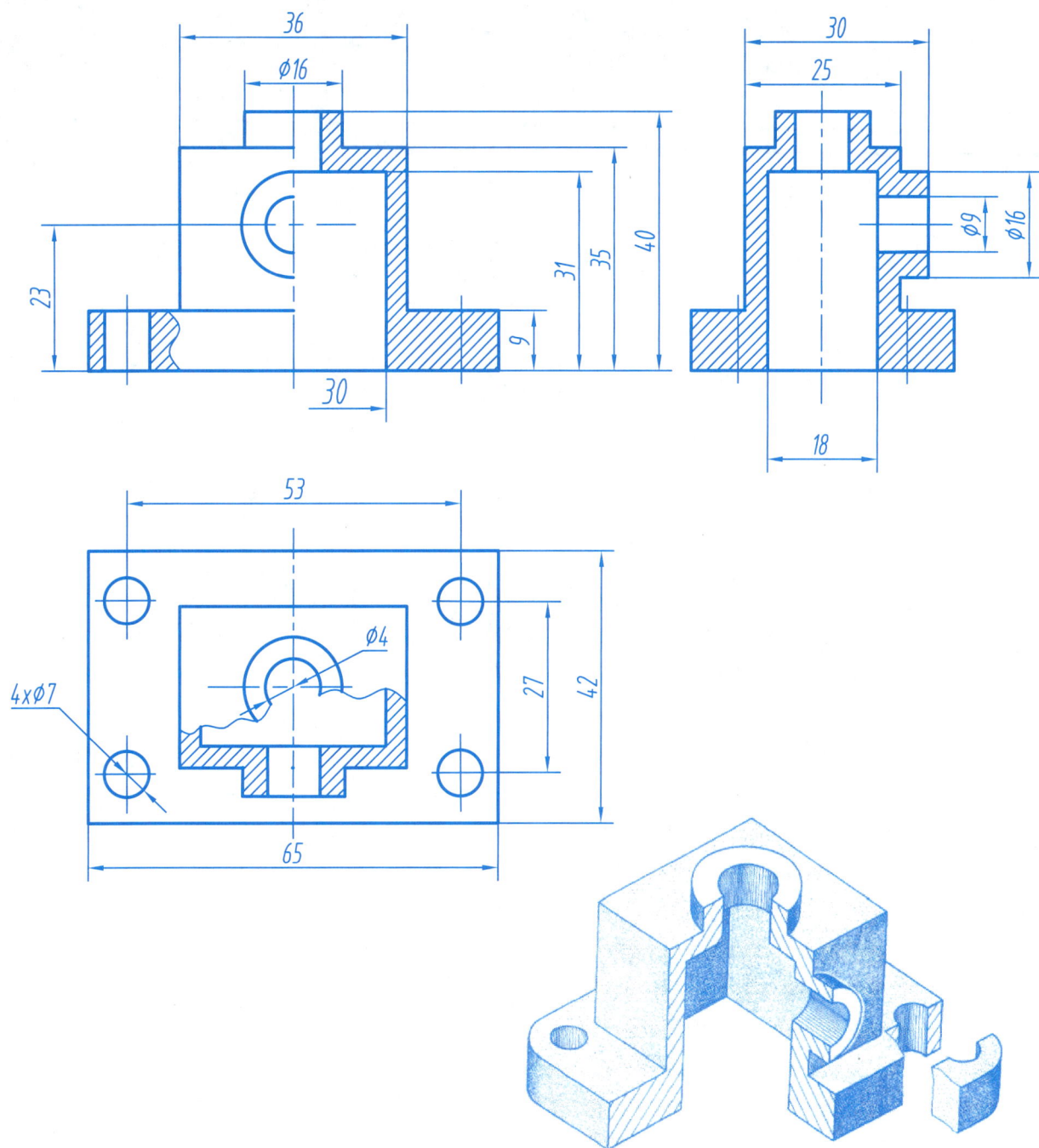

2. 按1:1的比例抄画组合体的三视图，并在主视图上取半剖、左视图上取全剖。

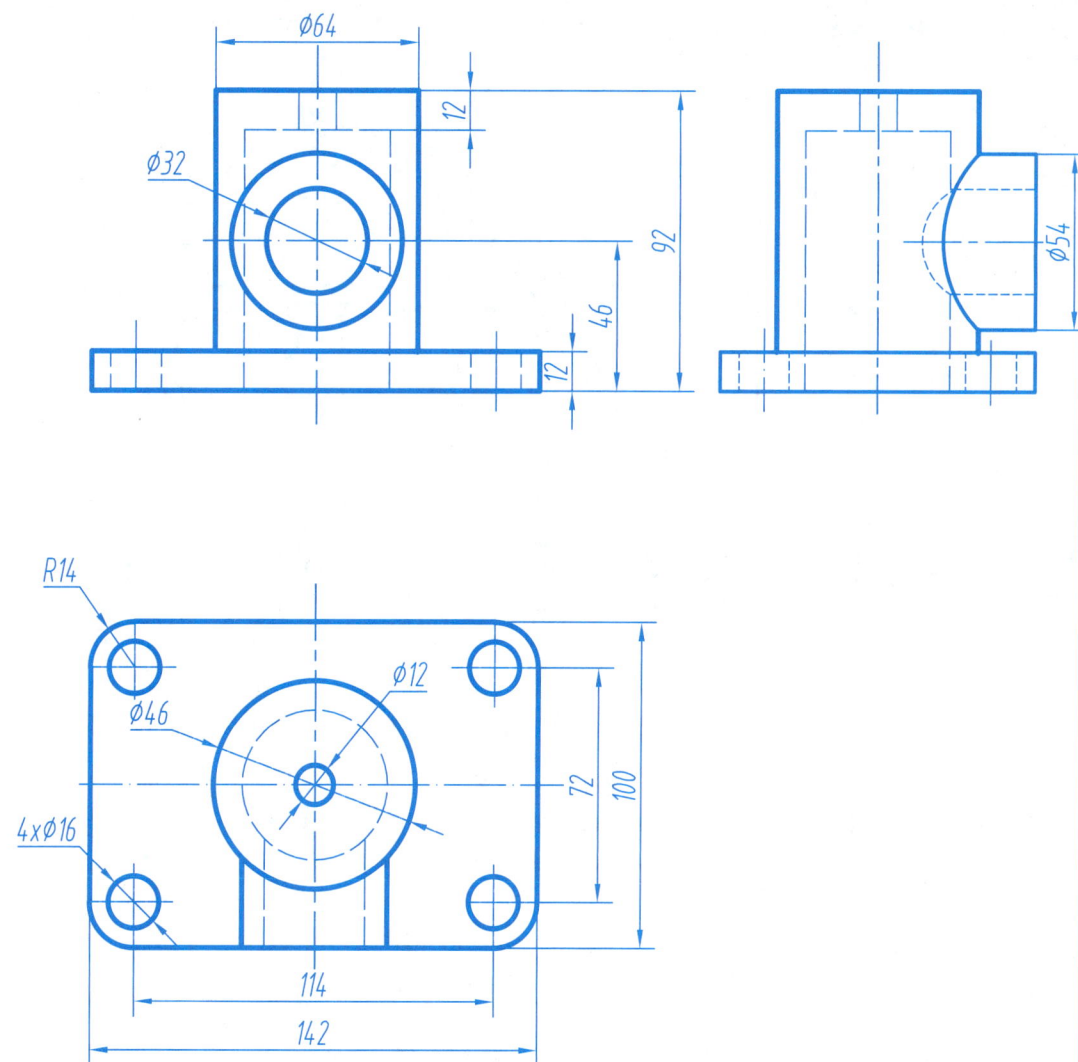

36
Ø16
40
35
31
23
9
30
18

30
25
Ø9
Ø16

53
42
27
Ø4
65
4xØ7

Ø64
12
Ø32
92
46
12
12

Ø54

R14
Ø12
Ø46
72
100
4xØ16
114
142

专业班级　　姓名及学号　　审阅　　成绩

第8章　识读标准件与常用件

8-1　分析螺纹的错误画法，在其下方画出正确的视图 35

1. 外螺纹

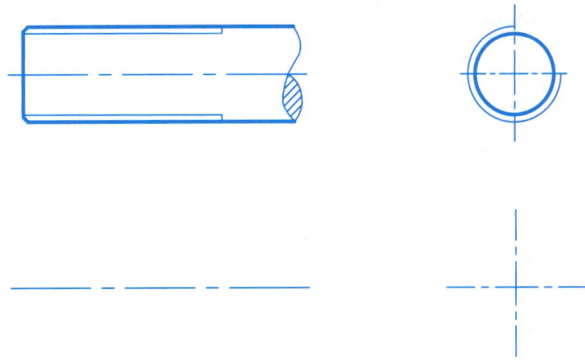

2. 内螺纹

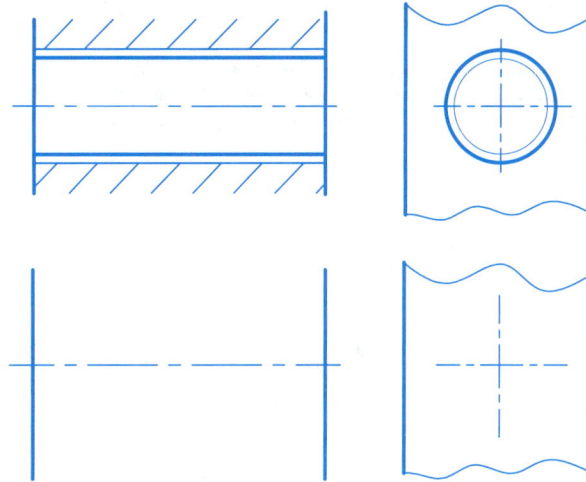

3. 内、外螺纹连接

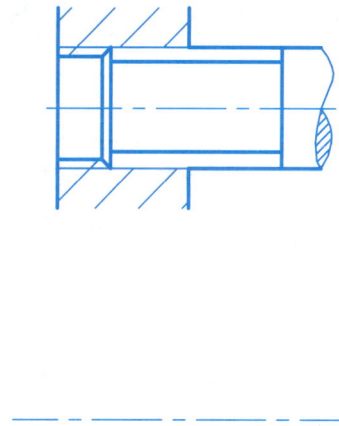

4. 内螺纹

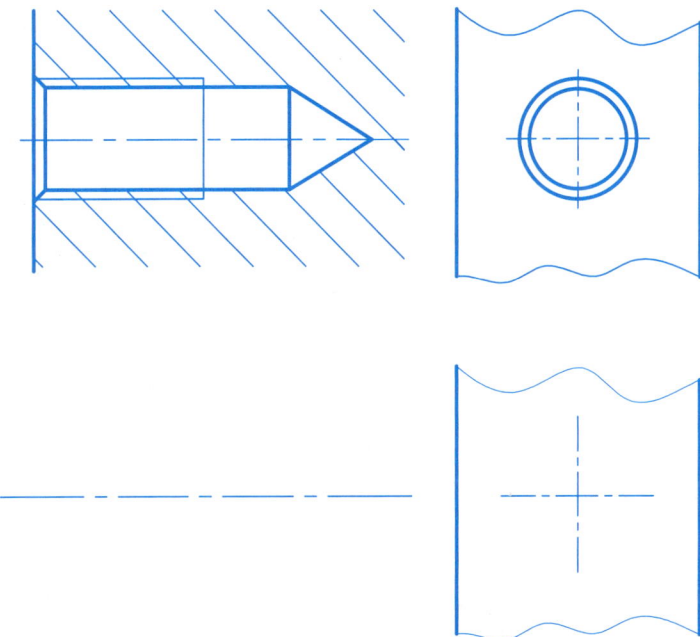

8-2　识别下表螺纹标记中各代号的意义，并填表

螺纹标记	螺纹种类	公称直径	导程	螺距	线数	旋向
M20LH-6H						
M20×1.5-6g7g						
Tr40×14(P7)-8e						
G3/8						

专业班级		姓名及学号		审阅		成绩

1.完成螺栓连接的装配图。

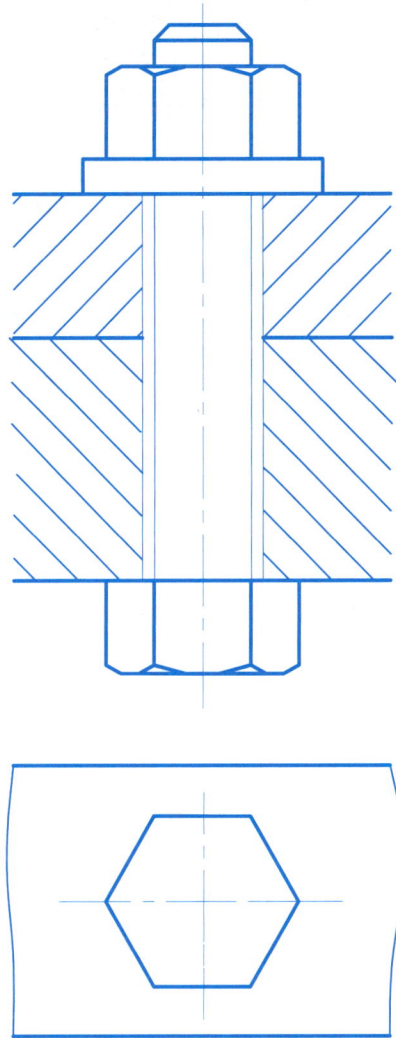

2.完成双头螺柱连接的装配图。

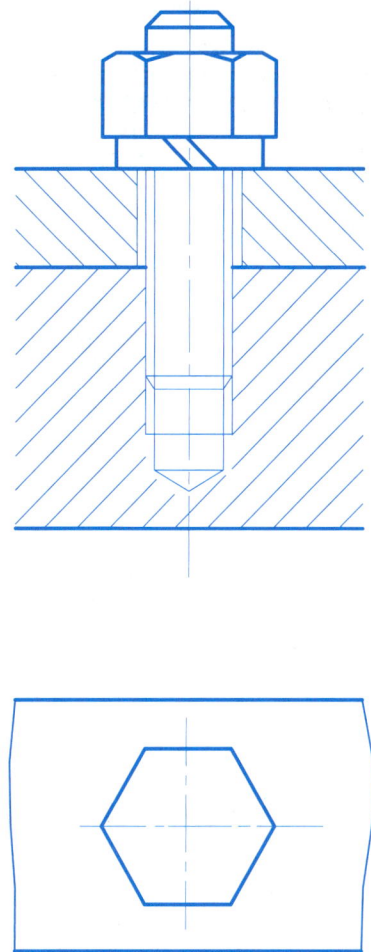

3.完成螺钉连接的装配图。

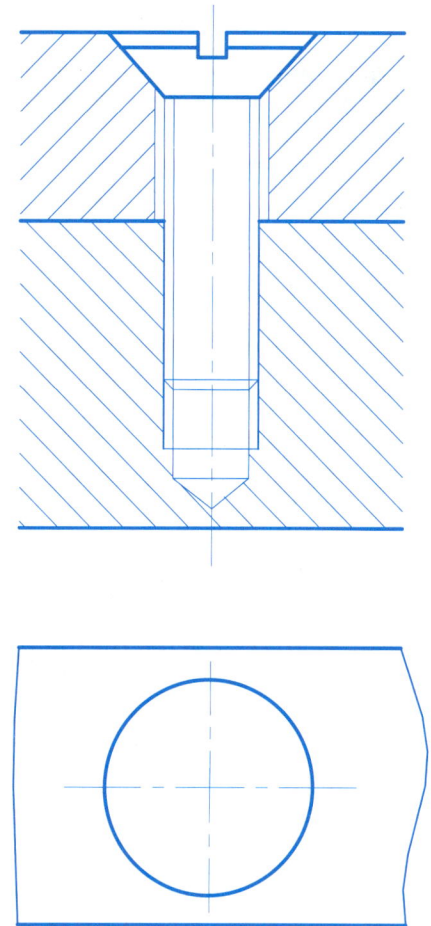

1. 按1:1的比例画全直齿圆柱齿轮的两视图(模数$m=4$,齿数$Z=22$)。

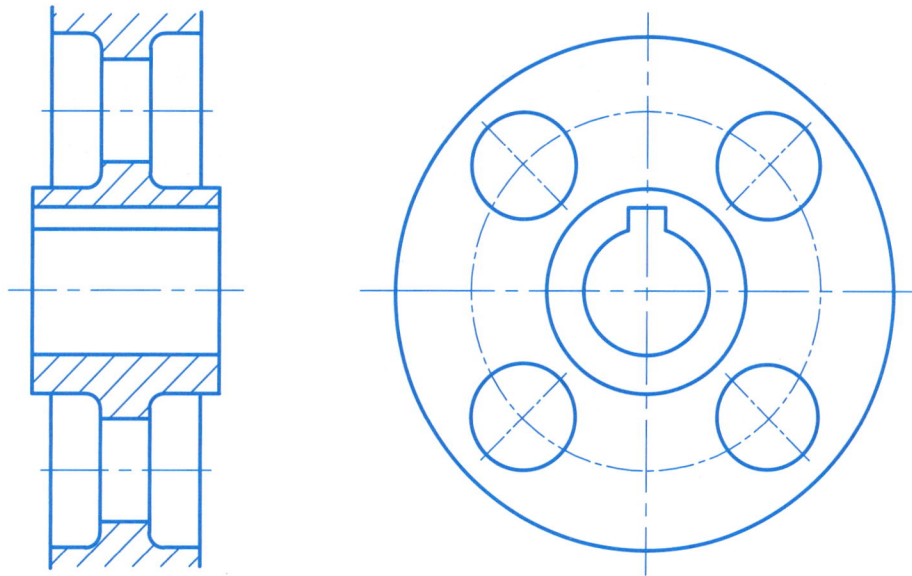

2. 完成一对直齿圆柱平板齿轮啮合的主、左视图（主视图全剖），其主要参数为：模数=3，齿数 $Z_1=18$，$Z_2=22$，带有平键槽的轴孔直径 $D_1=20$，$D_2=25$。

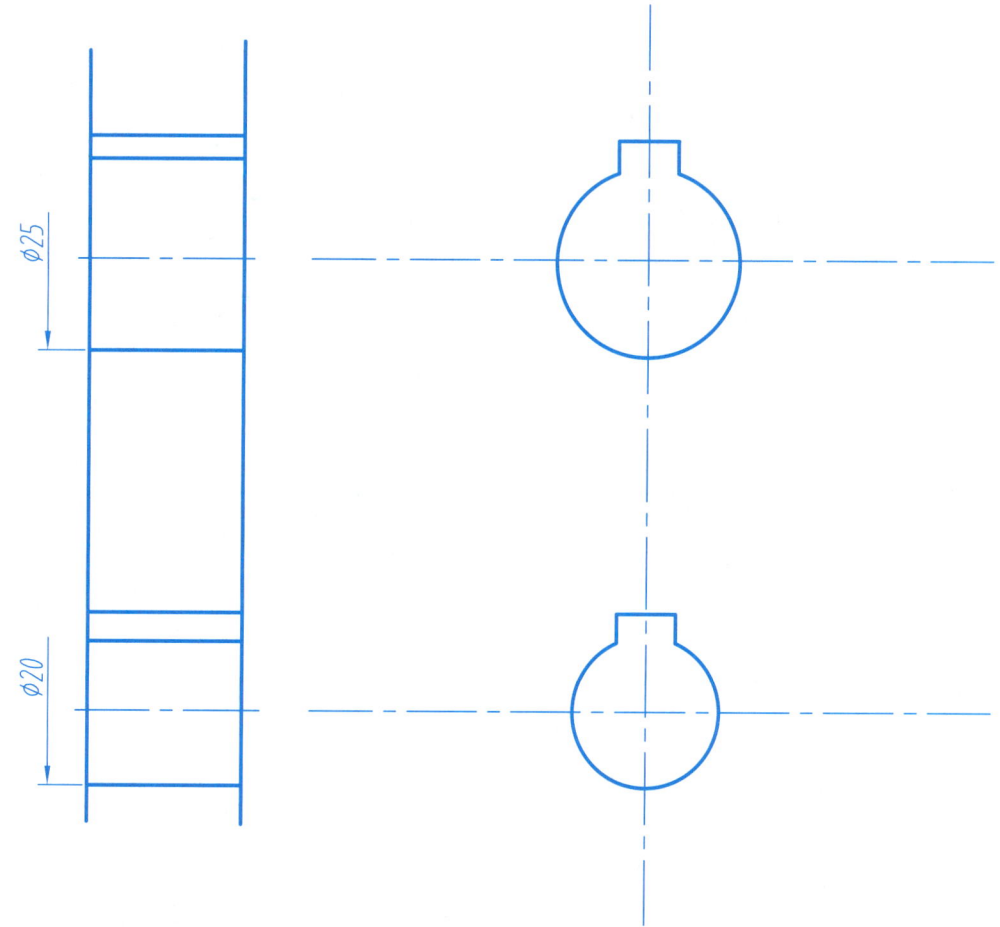

$\phi 25$

$\phi 20$

专业班级　　　　姓名及学号　　　　审阅　　　　成绩

◎ Ø0.03 A-B

Ra1.6 R3 32 14 23 C R3 ØTТ3 A I M22x1.5-6g C2

Ø32f6 Ø50n6 Ø32f6

A C2 B C A

60 C2 35

100 55

195

B

B-B Ra1.6

14 -0.018 -0.061

C-C

44.5 0 -0.2

A-A

22x22 Ra3.2

Ø27

Ra3.2

I 2:1

45°

R1.5

6

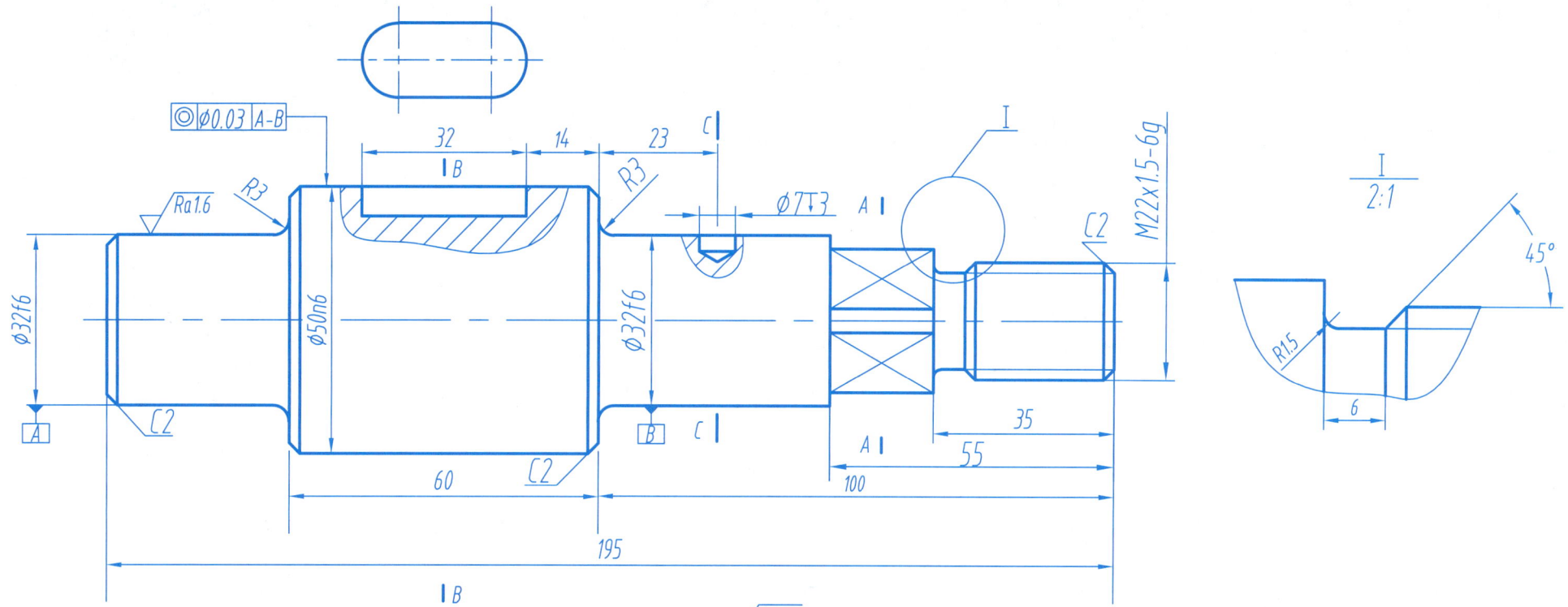

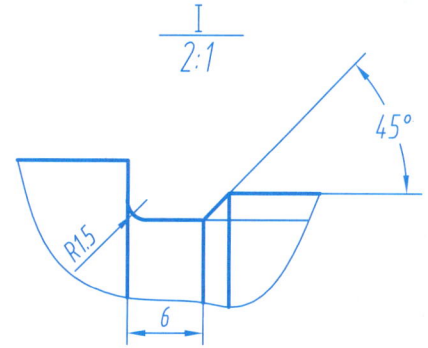

技术要求
1. 热处理；调质220～230HB;
2. 未注圆角R1.5;
3. 未注尺寸公差按IT14级。

√Ra6.3 √

1. 该零件图采用了_____表达方法。
2. 主视图上的尺寸195、32、14、23、Ø7属于哪类尺寸。
分别为：
总体尺寸_____；
定位尺寸_____；
定形尺寸_____。
3. 在图中将Ra的最大允许值为1.6μm的部位圈出。
4. 图中右上角注出的表面粗糙度的含义是_____。
Ø32f7的上偏差_____，下偏差_____，上极限尺寸_____，下极限尺寸_____，公
差_____。
5. 在图上作出C—C移出断面图。

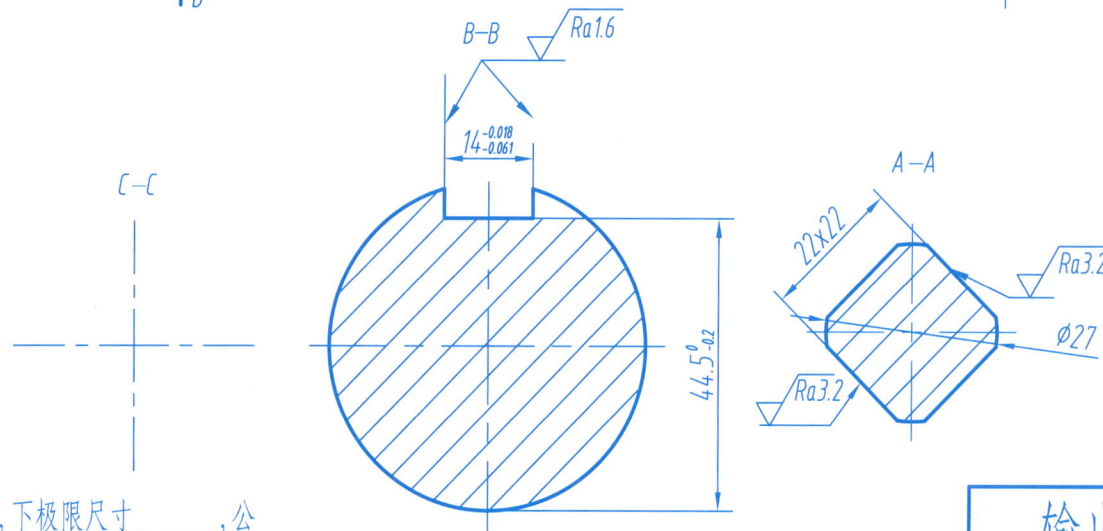

输出轴	材料	45	比例	
			图号	
制图				
审核				

专业班级	姓名及学号	审阅	成绩

A—A

Ra12.5
Ra12.5
Ra3.2
56
Ø8
Ø32H7
Ø36
Ø14
Ø50
Ra12.5
22
Ra1.6
5
Ø50
Ø108
Ra12.5
18
34
14 6
80

A
3xØ12
Ø82
Ra12.5
20
Ra12.5
R10
45°
Ra12.5
50
A

技术要求
未注铸造圆角R2。

√Ra25 (√)

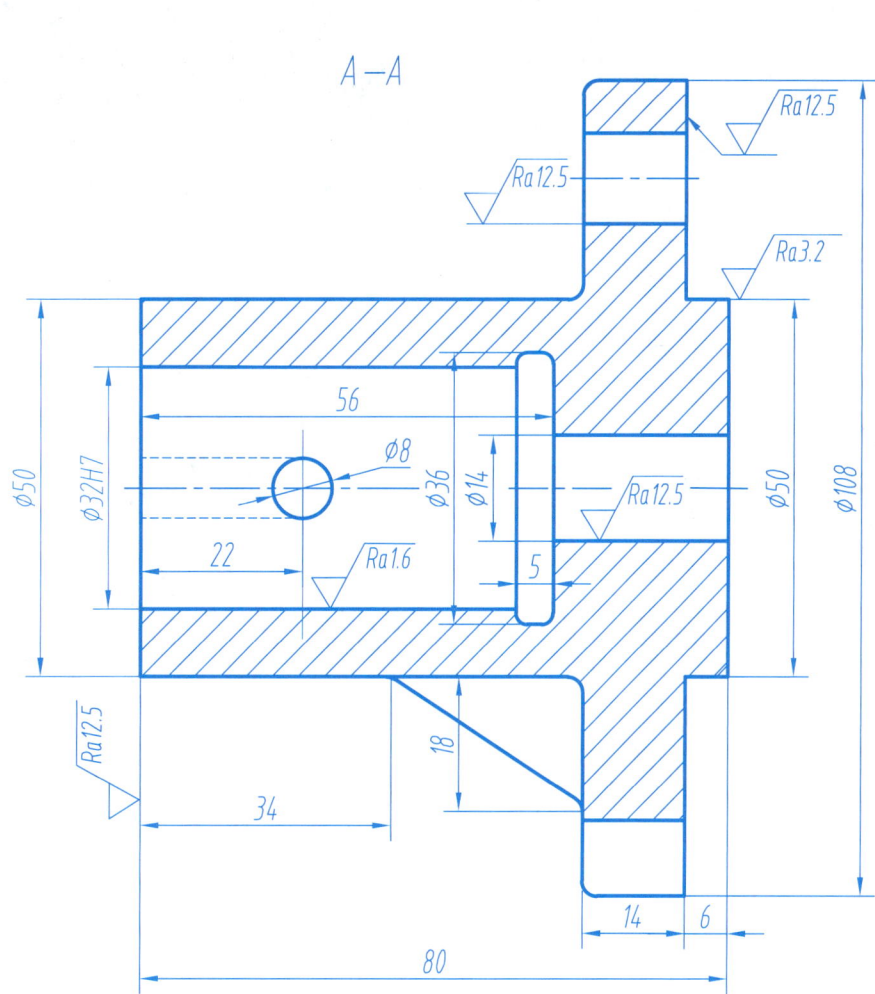

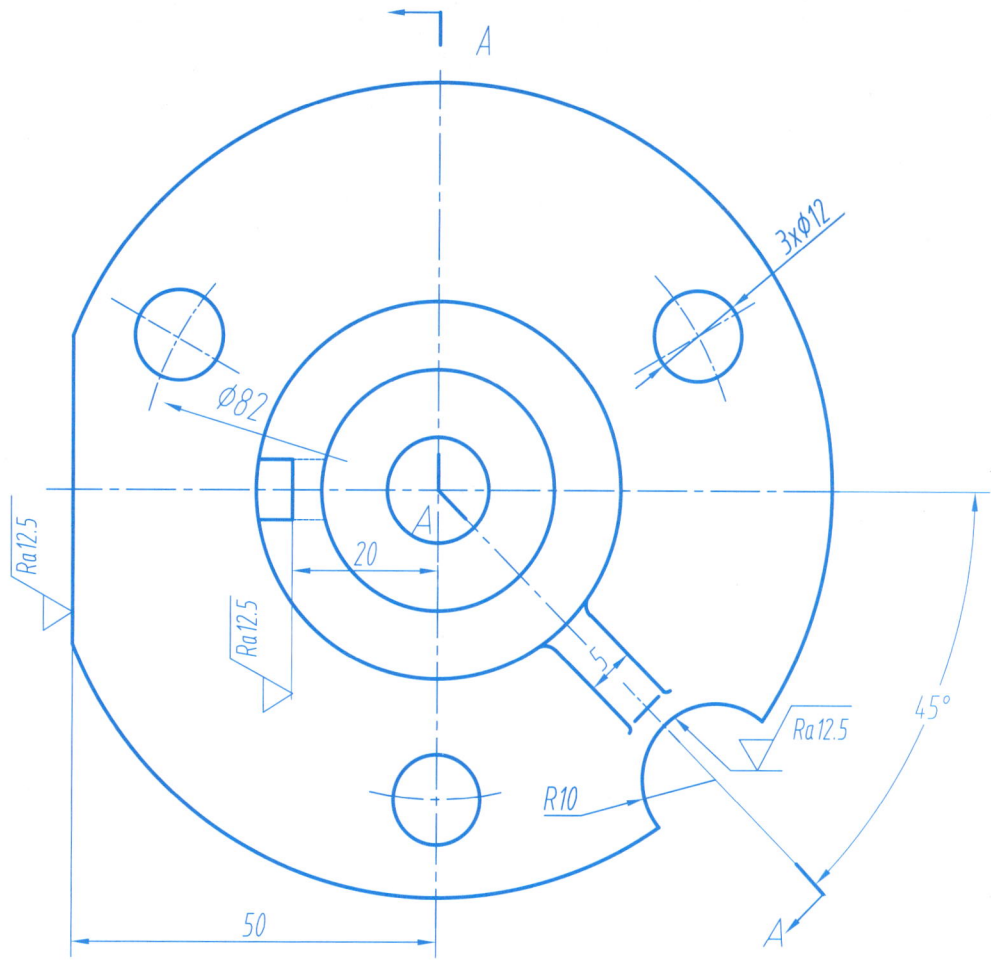

1. 该零件采用了_____表达方法。
2. 主视图中的尺寸Ø50、Ø36、80、34、18、14、6属于哪类尺寸：
   总体尺寸_____； 定位尺寸_____；
   定形尺寸_____。
3. 图中将Ra的允许值为最小的部位圈出。
4. Ø32H7的公差带代号_____、基本尺寸_____、上极限尺寸_____、
   最小极限尺寸_____、公差_____。
5. 在主视图上作出肋板的重合断面图。

盘 盖	材料	HT150	比例	
			图号	
制图				
审核				

专业班级 | 姓名及学号 | 审阅 | 成绩

$\sqrt{Ra6.3}$

66
48
20

$\phi56$
$\phi48$
M30x1.5
C1
$\phi36$
C1
M30x1.5
$\phi48$
$\phi56$

A
A

$\phi18$

1
14
20

$\sqrt{Ra6.3}$
C1.5
G1/2

A—A
66
48

R11
R26
R5.5
R6
$\phi40$

56

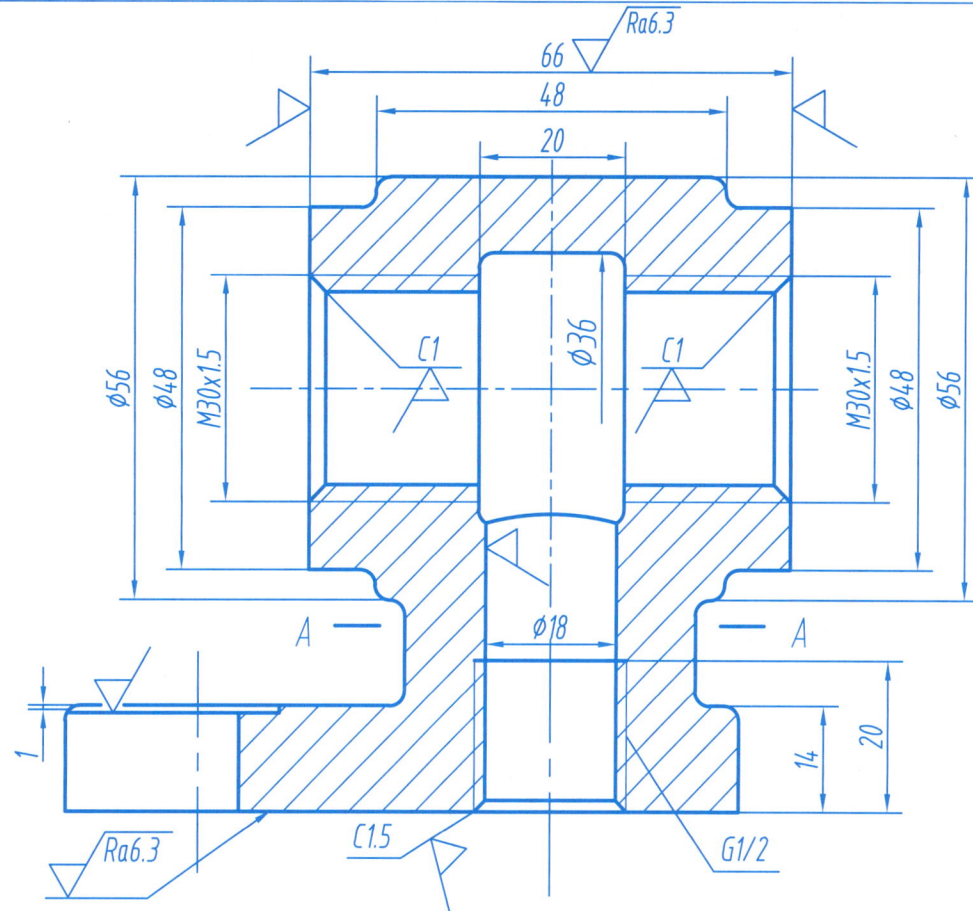

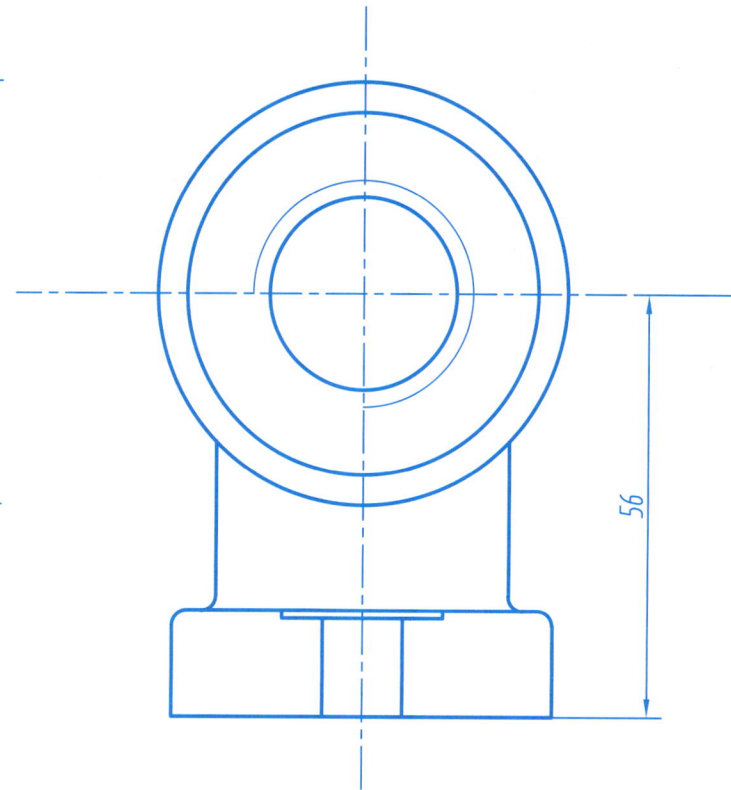

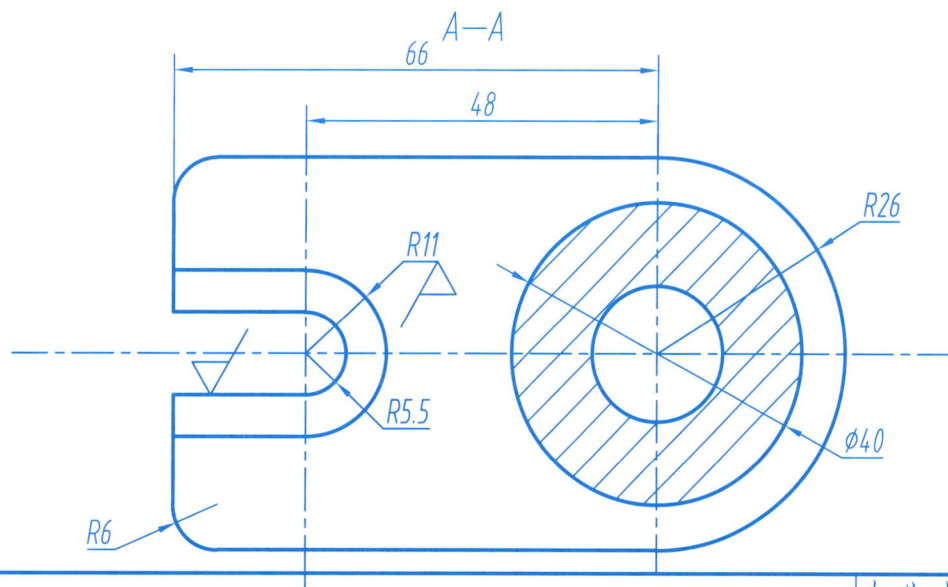

技术要求
未注圆角R2～R3。

$\sqrt{} = \sqrt{Ra12.5}$
$\sqrt{Ra25}$ $(\sqrt{})$

制图			阀体		图号	
校核						
			材料 HT250	数量 1	比例	1:1
专业班级		姓名及学号		审阅		成绩

技术要求
件3与件2胀铆。

3	套筒	1	35	2008.02.03
2	支架	1	35	2008.02.02
1	定位轴	1	45	2008.02.01
序号	名称	数量	材料	备注

7	把手	1	塑料	2008.02.05
6	螺钉 M2.5X4	1		GB/T 73—1985
5	盖	1	15	2008.02.04
4	压簧0.5X1X13	1		GB/T 2089—2009

设计			阶段标记	重量	比例	
审核			定 位 器			

专业班级	姓名及学号	审阅	成绩

说明:

定位器安装在仪器的机箱内壁上。工作时定位轴的一端插入被固定零件的孔中,当该零件需要变换位置时,应拉动把手,将定位器从该零件的孔中拉出,松开把手后,压簧使定位轴恢复原位。

1. 仔细看懂10-1小节定位器装配图,与右边的轴测图对比,检查正确率。

2. 该装配图采用了_____个视图,主视图采用_____,双点画线是_____表达方法。

3. 该装配图共有_____种零件,其中有_____种标准件,它们是_____。

4. 件6的名称为_____,其作用是确定件_____与件_____的相对位置。

5. 件4的名称为_____,孔2x∅5.3的作用是_____,件7 是用_____材料制作的。

6. 定位轴与套筒间的配合代号为_____,其中轴的基本偏差代号为_____。

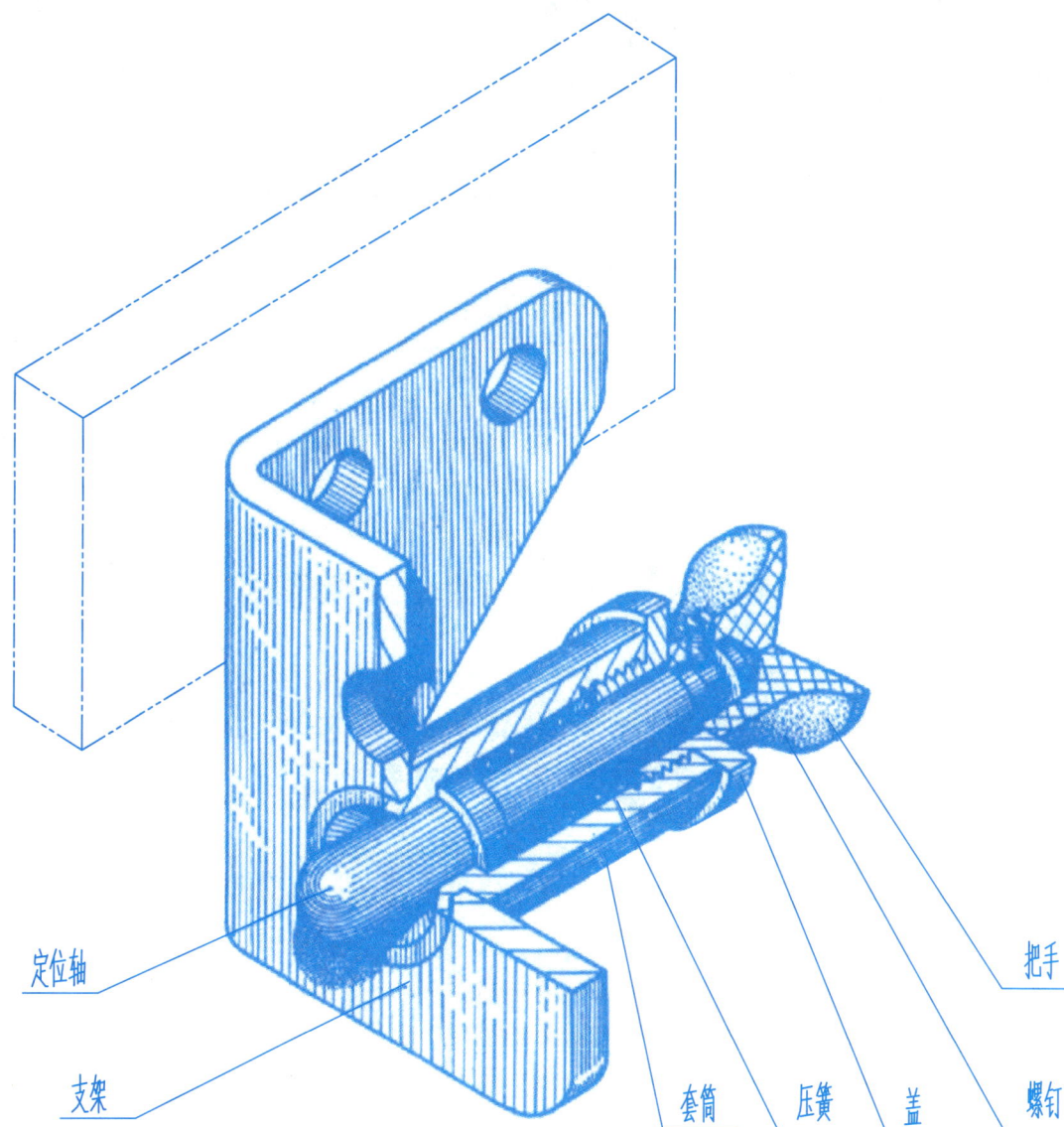

定位轴

支架

套筒　压簧　盖　把手　螺钉

定位器轴测图

专业班级　姓名及学号　审阅　成绩

90~96

Tr10x1-7H/7e

$\varnothing 4\frac{H9}{f9}$

20

A

B

10

9

8 7 6 5 4 3 2 1

件8的左视图

A—A

M14x1.5-6H

M14x1.5-6H

B向

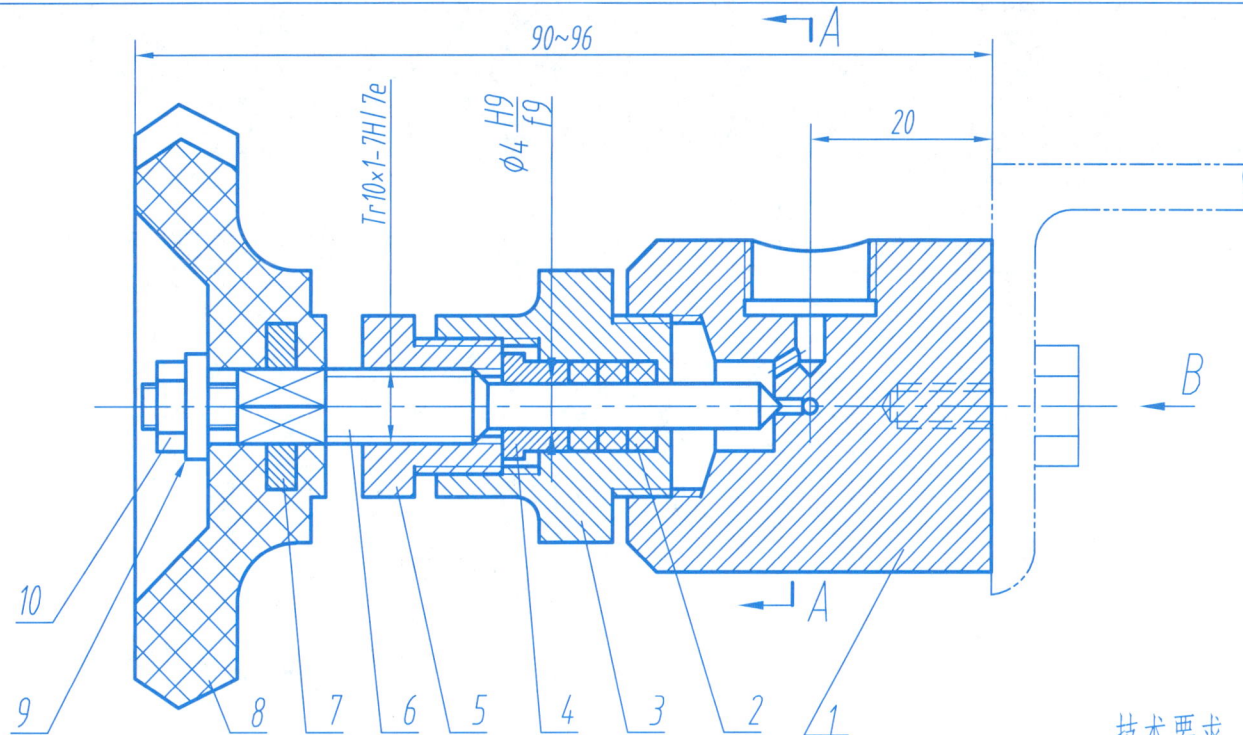

拆去件8,9,10后

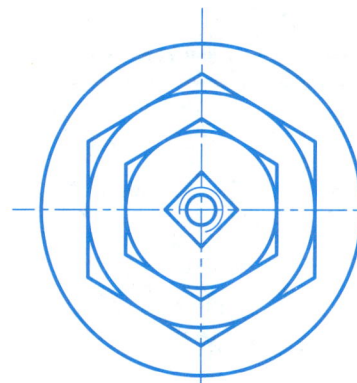

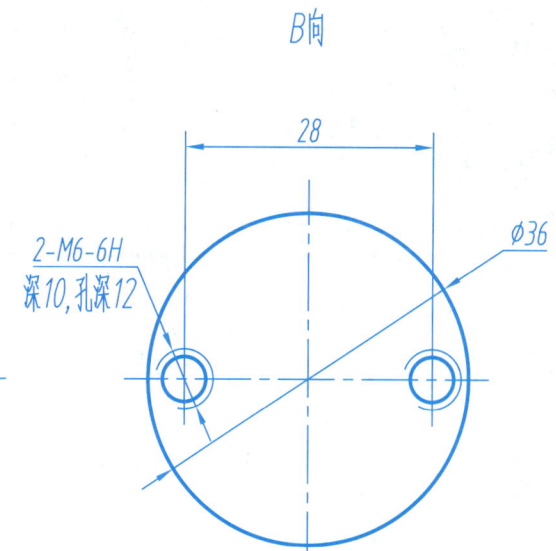

2-M6-6H
深10,孔深12

28

$\varnothing 36$

技术要求

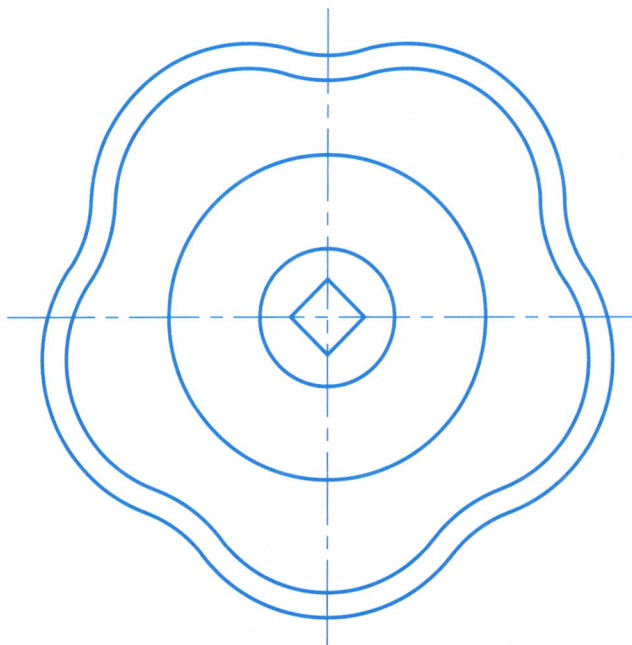

装配后，在工作压力下经水压试验无泄漏，必要时经1.5倍工作压力的超水压试验5 min检验合格。

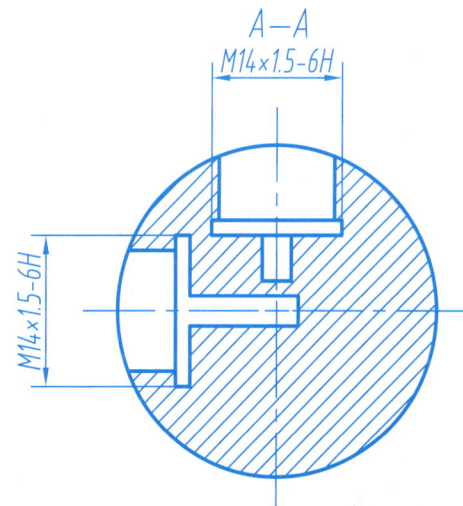

10	六角螺母M5	1	A3	GB/T 6170—2015
9	垫圈5-140HV	1	A3	GB/T 97.1—2002
8	手轮	1	酚醛 PF2-C1	
7	镶片	1	A3	
6	阀杆	1	2Cr13	
5	压紧螺母	1	45	
4	压套	1	35	
3	阀盖	1	45	
2	填料	3	石棉盘根	
1	阀体	1	45	
序号	零件名称	数量	材料	备注

压力表开关	比例		数量		共 张	(图号)
			1		第 张	

制图		(日期)	(单位名称)
审核			

专业班级 | 姓名及学号 | 审阅 | 成绩

A—A

件8 的C 向局部视图
10:1

B—B

1 2 3 4 5 6 7 8 9

M16×1.5-6g

Ø2.4H9/h9

B

Ø1 $\frac{H9}{h9}$

B

$\frac{H9}{h9}$

Ø8.05

Ø3.5 $\frac{H9}{h9}$

Ø5.5

33.2

面板   微带盒

介质基片

C

0.7

Ø1h9

24

18±0.2   A

A

A

24±0.2   72

A

4×Ø3.5

A

A

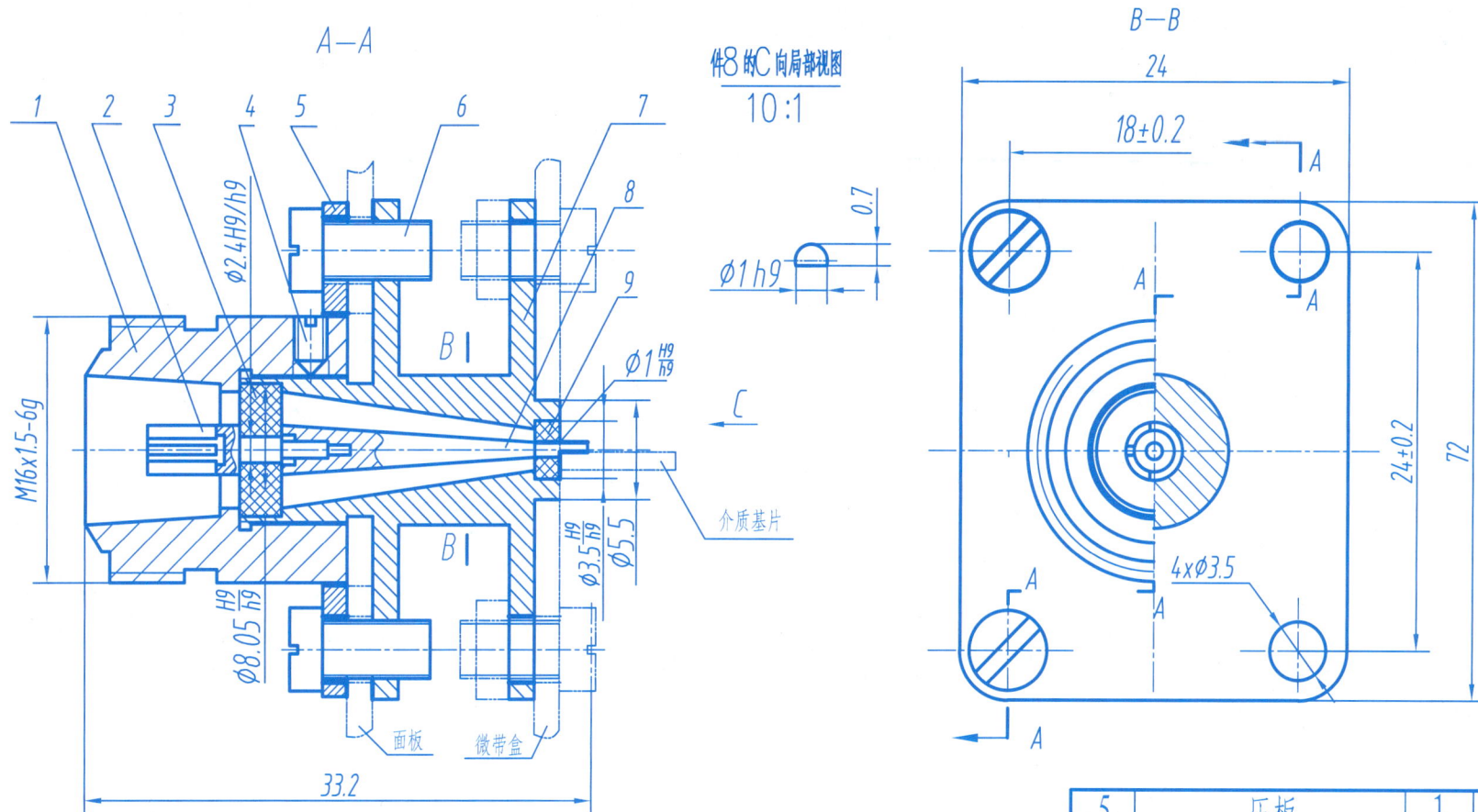

5	压板	1	H62	
4	螺钉M2×3	3	A3	GB/T 71-1985
3	介质（一）	1	SFX-1	
2	导体	1	QBe 2	
1	座套	1	HPb 59-1	
序号	零件名	数量	材料	备注

9	介质（二）	1	SFX-1	
8	变换杆	1	QBe 2	
7	底座	1	HPb 59-1	
6	螺钉 M3×8	4	A3	GB/T 65-2016
序号	零件名	数量	材料	备注

高频插座		比例	数量	共 张	（图号）
			1	第 张	
制图					（单位名称）
审核					

专业班级	姓名及学号	审阅	成绩

1.看懂10-3小节中的压力表开关装配图，构思立体形状，并回答问题。

压力表开关用于切断（或调节）压力表与油路的连接，减轻压力表指针的急剧摆动，防止损坏压力表；也可当作一般小流量的节流阀使用。

(1) 该部件名称为＿＿＿＿＿＿，由＿＿＿＿＿个零件组成，其中标准件有＿＿＿＿＿个。

(2) 件6的名称是＿＿＿＿＿，其左边相交叉的细实线表示＿＿＿＿＿，手轮的材料为＿＿＿＿＿。

(3) 件4的名称为＿＿＿＿＿，其作用是＿＿＿＿＿；件2的名称为＿＿＿＿＿，其作用是＿＿＿＿＿。

(4) 该开关安装在角铁上的安装尺寸是＿＿＿＿＿。

(5) 图中左视图采用＿＿＿＿＿画法，A-A为＿＿＿＿＿图，表达了＿＿＿＿＿的形状。

(6) Tr10×1-7H/7e表示＿＿＿＿＿；M14×1.5-6H表示＿＿＿＿＿。

(7) 该部件的总体尺寸为＿＿＿＿＿。

2.看懂10-4小节中的高频插座装配图，构思立体形状，并回答问题。

高频插座用于数千兆赫兹以上的高频场合，图示的设备可将微带电路转换成同轴电缆接插形式。

(1) 视图采用＿＿＿＿＿的＿＿＿＿＿视图；图中双点画线表达插座在面板上的＿＿＿＿＿方法。

(2) B-B为＿＿＿＿＿视图，C向局部视图表示件8的端面形状。

(3) 件1和件7用＿＿＿＿＿连接，并用＿＿＿＿＿个＿＿＿＿＿保持轴向定位，螺钉尺寸是＿＿＿＿＿。

(4) 件6的公称直径为＿＿＿＿＿mm，共有＿＿＿＿＿个，其作用是连接＿＿＿＿＿与＿＿＿＿＿。

(5) 左视图中的18±0.2为＿＿＿＿＿尺寸，该部件的总体尺寸为＿＿＿＿＿。

(6) 件3的材料为＿＿＿＿＿。

(7) $\varnothing 1\frac{H9}{h9}$ 中 $\frac{H9}{h9}$ 为＿＿＿＿＿代号，$\varnothing 1\frac{H9}{h9}$ 的意义是＿＿＿＿＿。

(8) 外接高频电缆插头用＿＿＿＿＿与件1座套紧固。

| 专业班级 | | 姓名及学号 | | 审阅 | | 成绩 | |

说明：

1.该部件为弹性支承，其功能是自动调节支承高度。支承柱5由于弹簧3的作用能上下浮动，调整螺钉2可调节弹簧力的大小，支承帽7能自位支承。故部件工作时可根据支承力的大小上下浮动和自定位。

2.根据轴测图，了解部件功能、零件结构及其连接关系，拼画部件装配图。

3.采用A3幅面图纸，比例为2:1。

4.螺钉4为M6x12，GB/T 75—1985。

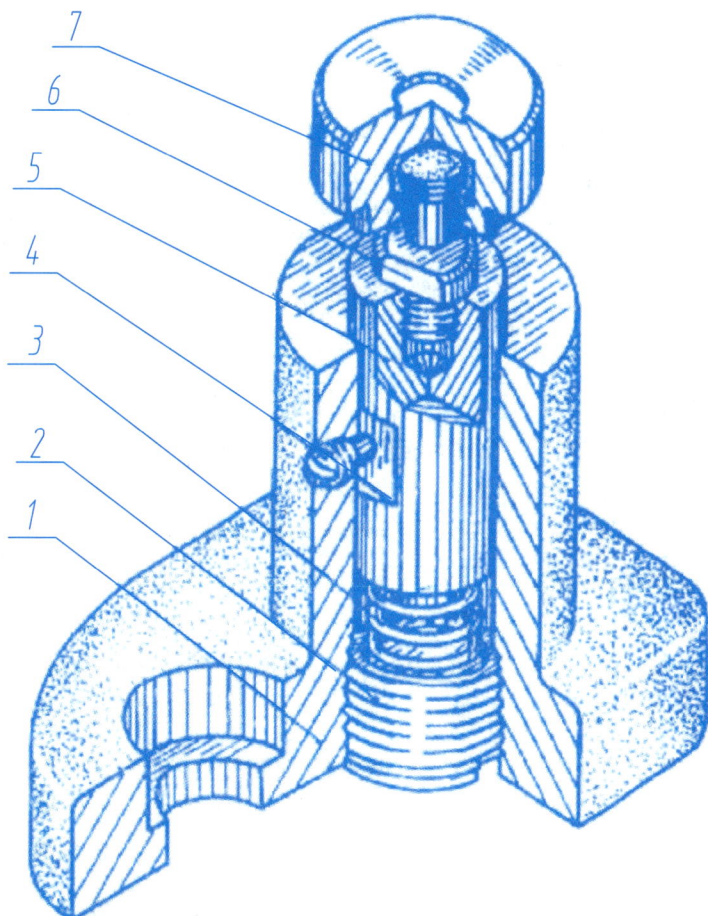

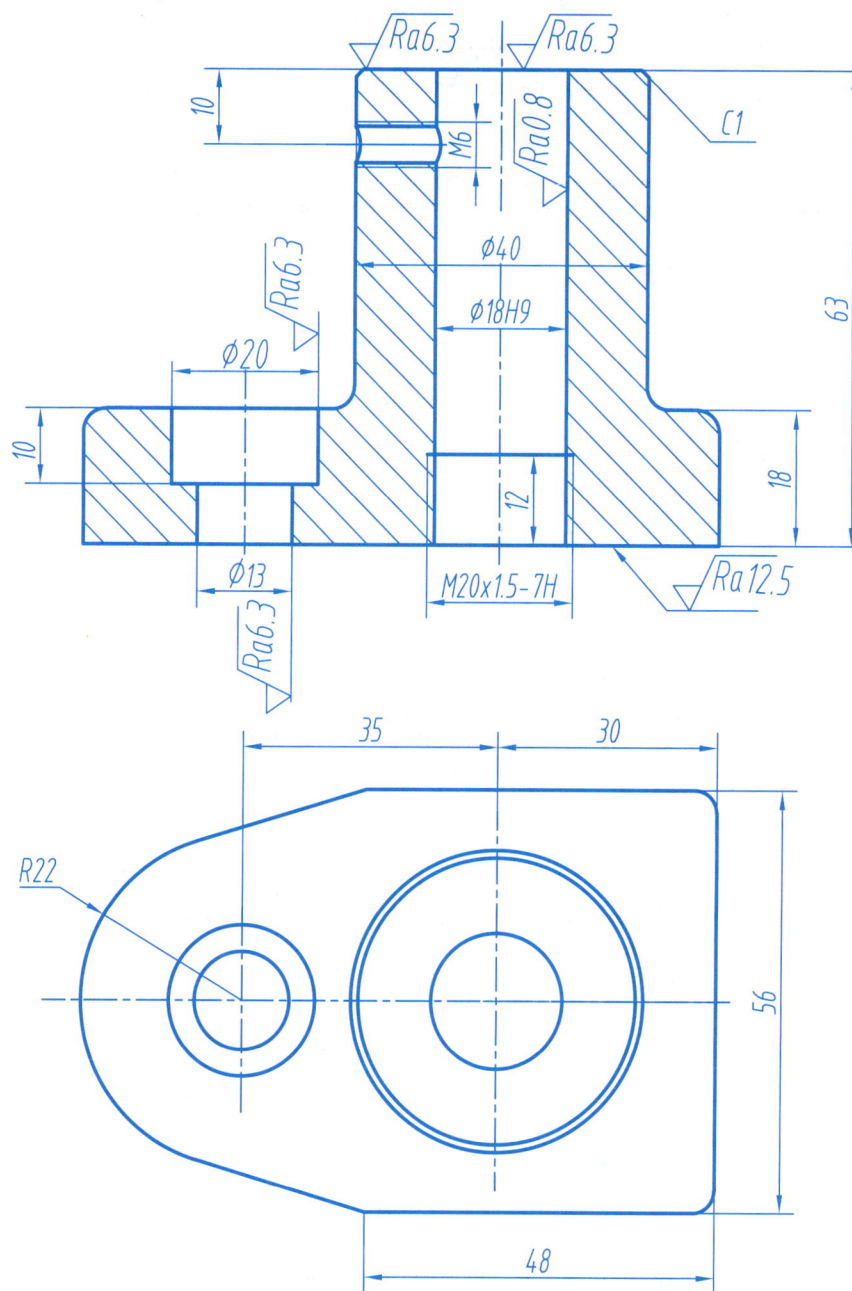

7
6
5
4
3
2
1

$\sqrt{Ra6.3}$ $\sqrt{Ra6.3}$
C1
$\sqrt{Ra0.8}$
M6
10
$\sqrt{Ra6.3}$
$\phi40$
$\phi18H9$
$\phi20$
63
10
18
12
$\phi13$
M20x1.5-7H
$\sqrt{Ra12.5}$
$\sqrt{Ra6.3}$

35 30
R22
56
48

技术要求
未注圆角R2～R5。

$\sqrt{}$ ($\sqrt{}$)

| 1 | 底座 | 比例 | HT200 | 1件 |

专业班级 | 姓名及学号 | 审阅 | 成绩

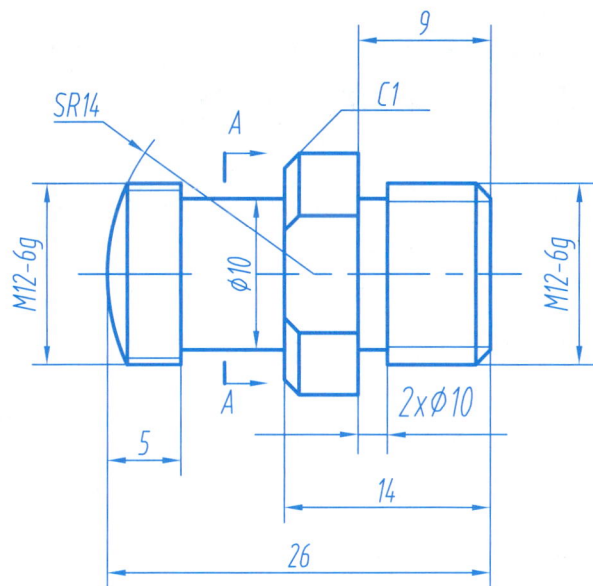

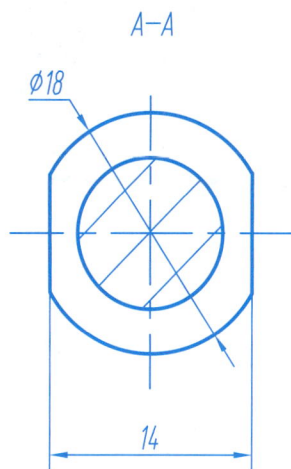

顶丝

SR14
M12-6g
9
C1
Ø10
M12-6g
5
A
A
2xØ10
14
26

A-A
Ø18
14

$\sqrt{Ra3.2}$ （ $\sqrt{}$ ）

| 2 | 顶丝 | 比例 2:1 | HT200 | 1件 |

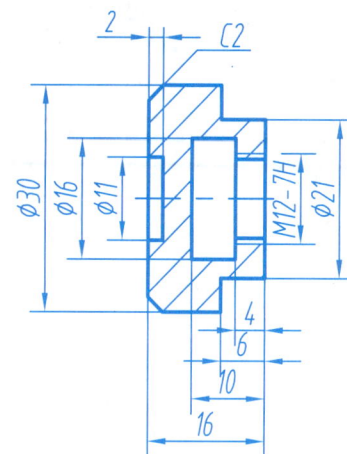

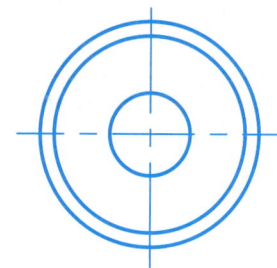

支承帽

2
C2
Ø30
Ø16
Ø11
M12-7H
Ø21
4
6
10
16

$\sqrt{Ra3.2}$ （ $\sqrt{}$ ）

| 3 | 支承帽 | 比例 1:1 | 45 | 1件 |

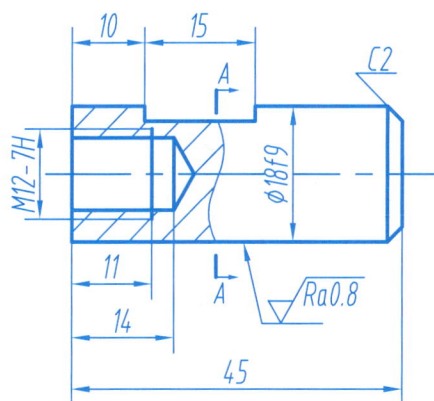

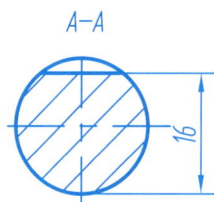

支承柱

10
15
M12-7H
C2
Ø18f9
A
A
11
14
45
16

A-A

$\sqrt{Ra0.8}$

$\sqrt{Ra3.2}$ （ $\sqrt{}$ ）

| 4 | 支承柱 | 比例 1:1 | 45 | 1件 |

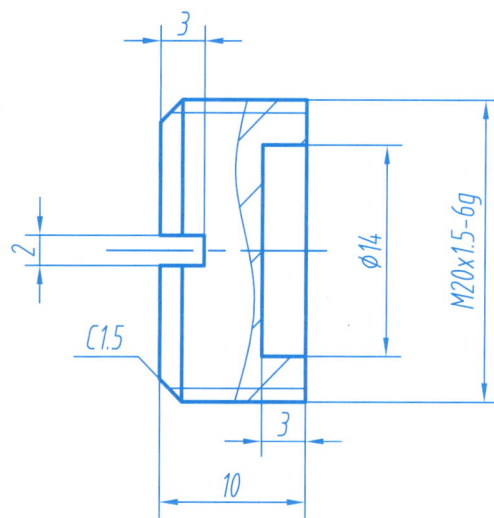

调整螺钉

3
2
Ø14
M20x1.5-6g
C1.5
3
10

$\sqrt{Ra3.2}$ （ $\sqrt{}$ ）

| 5 | 调整螺钉 | 比例 2:1 | 35 | 1件 |

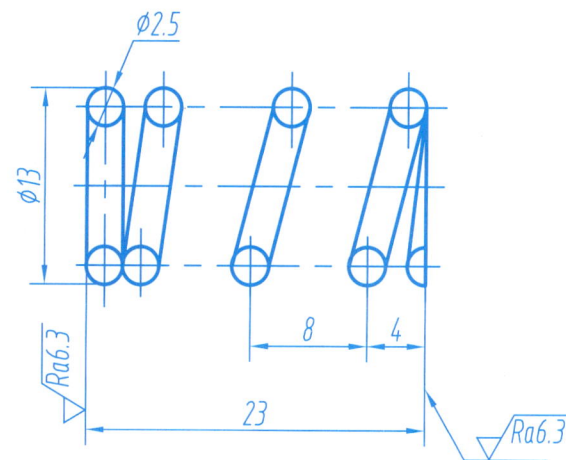

弹簧

Ø2.5
Ø13
Ra6.3
8
4
23

$\sqrt{Ra6.3}$

| 6 | 弹簧 | 比例 2:1 | 65Mn | 1件 |

| 专业班级 | 姓名及学号 | 审阅 | 成绩 |

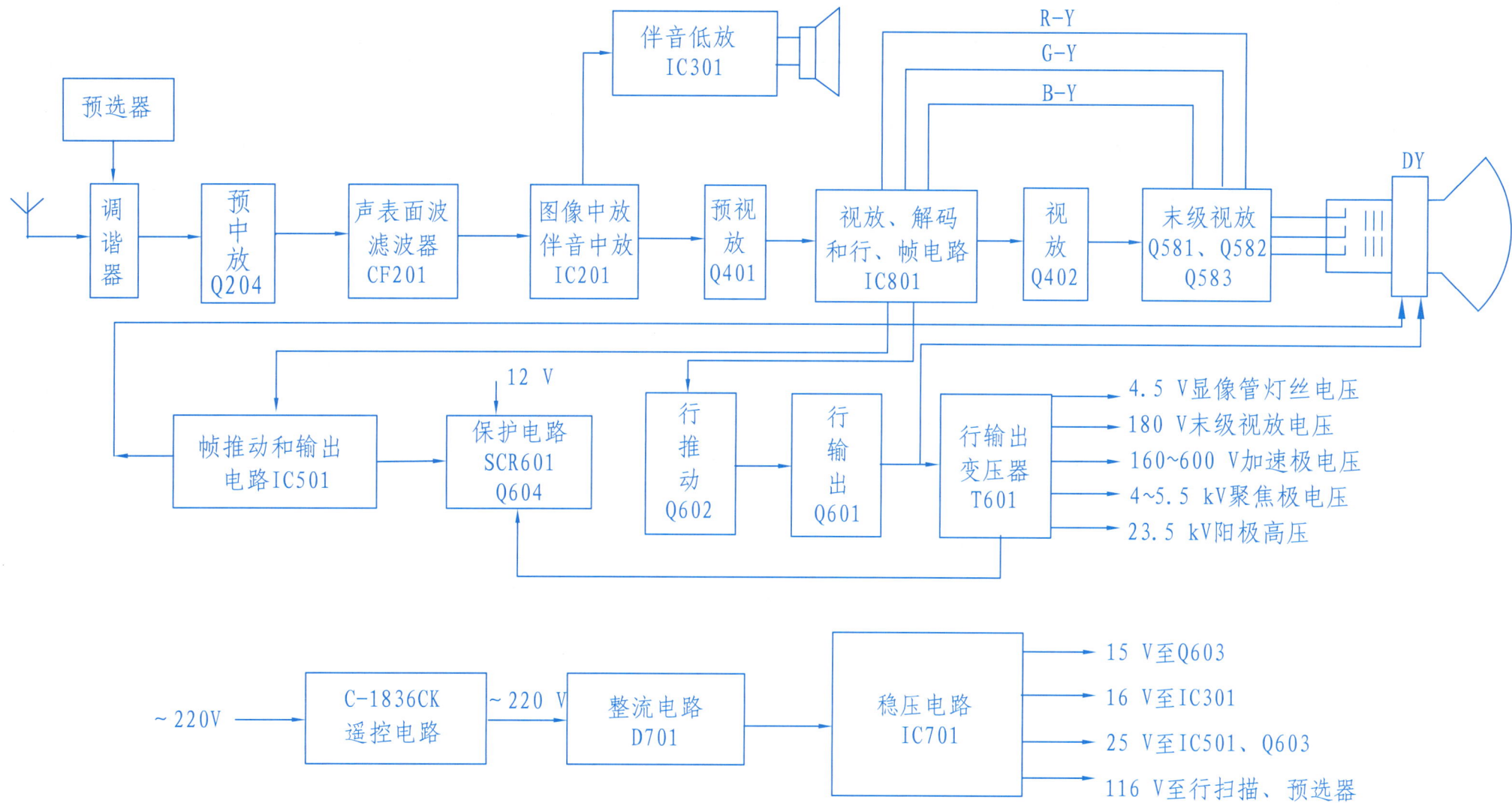

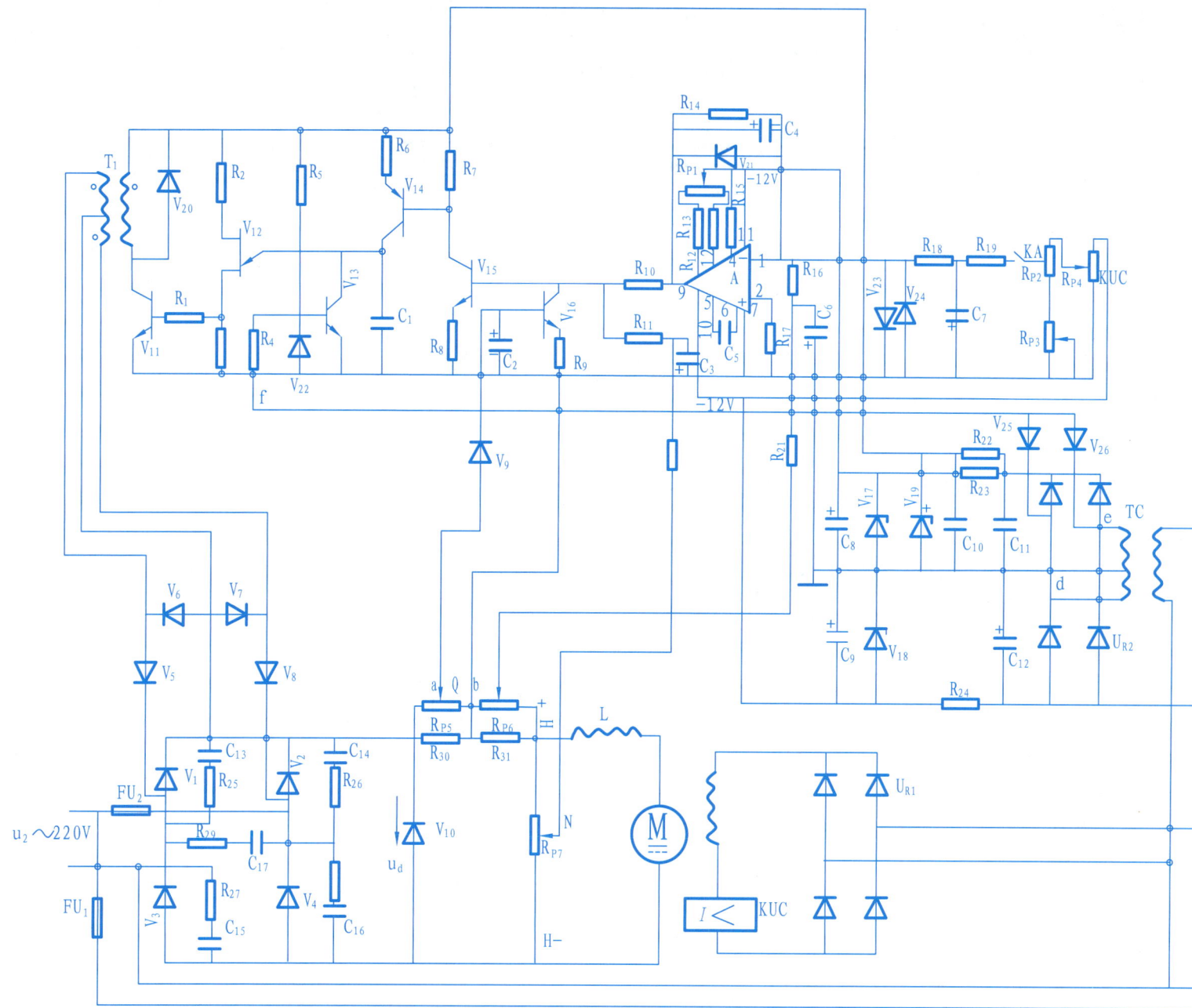

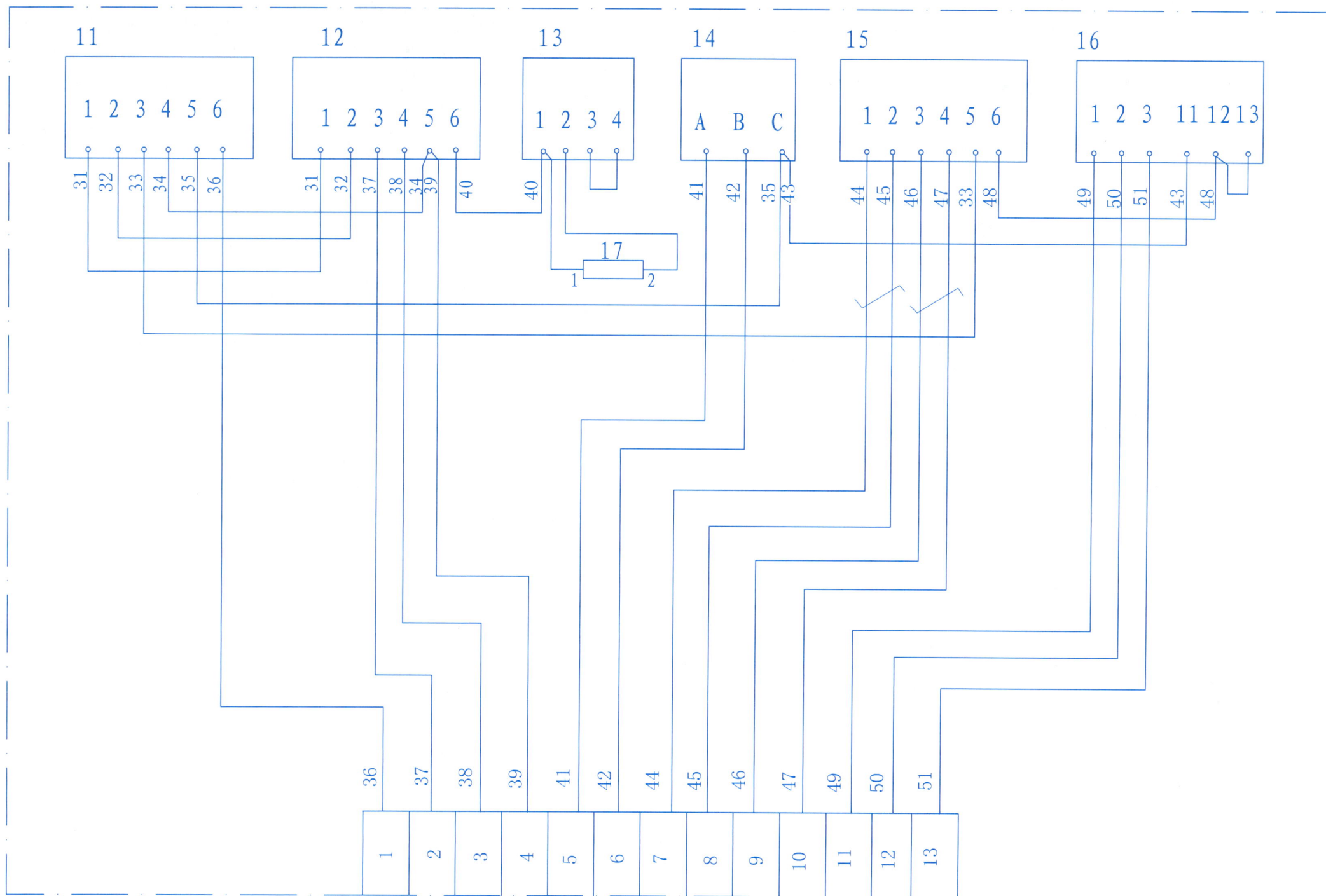

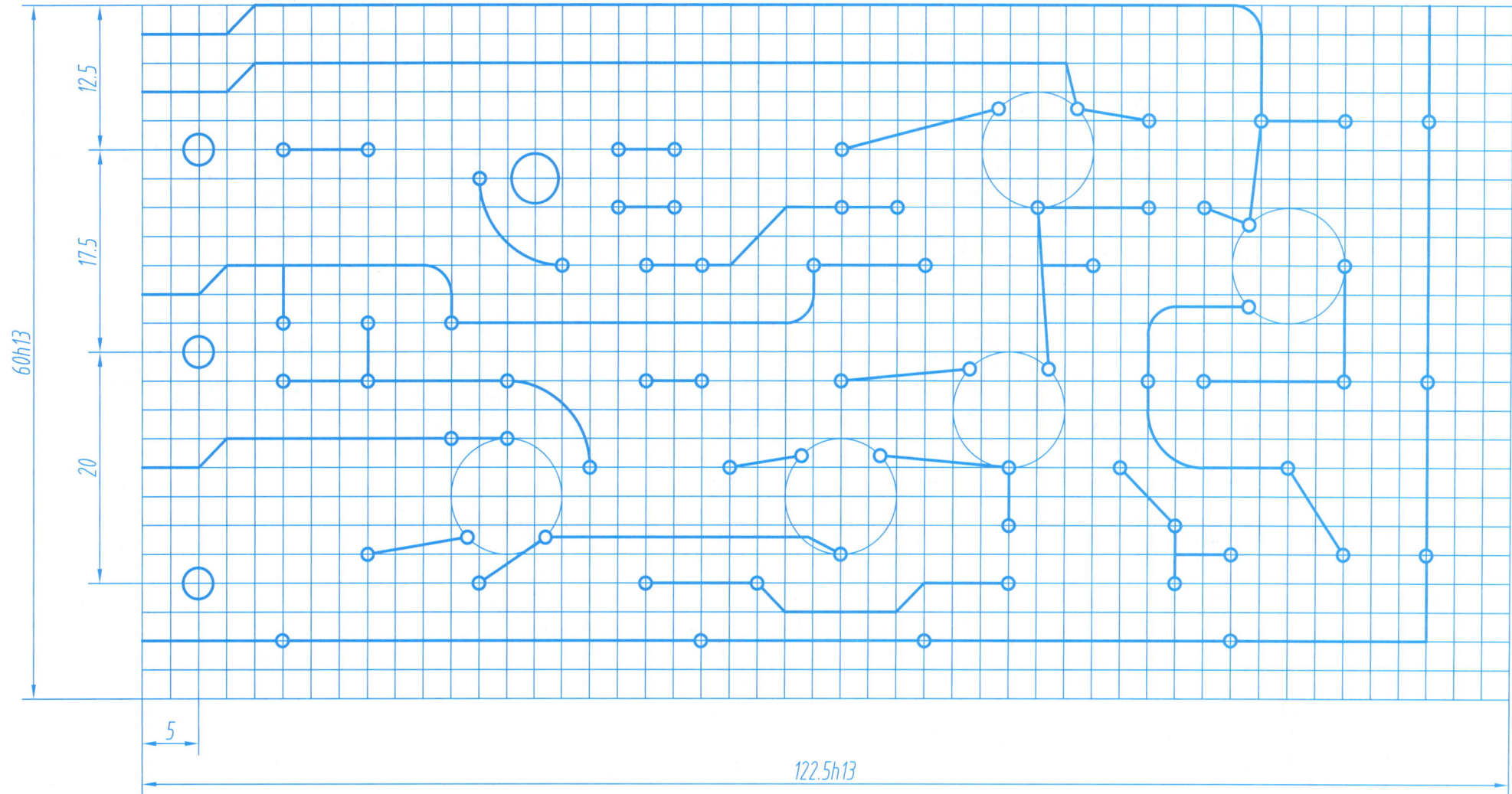

70xØ1.1H13

3xØ2.7H13

Ø4.3H13

硬制板零件图

12.5

17.5

60h13

20

5

122.5h13

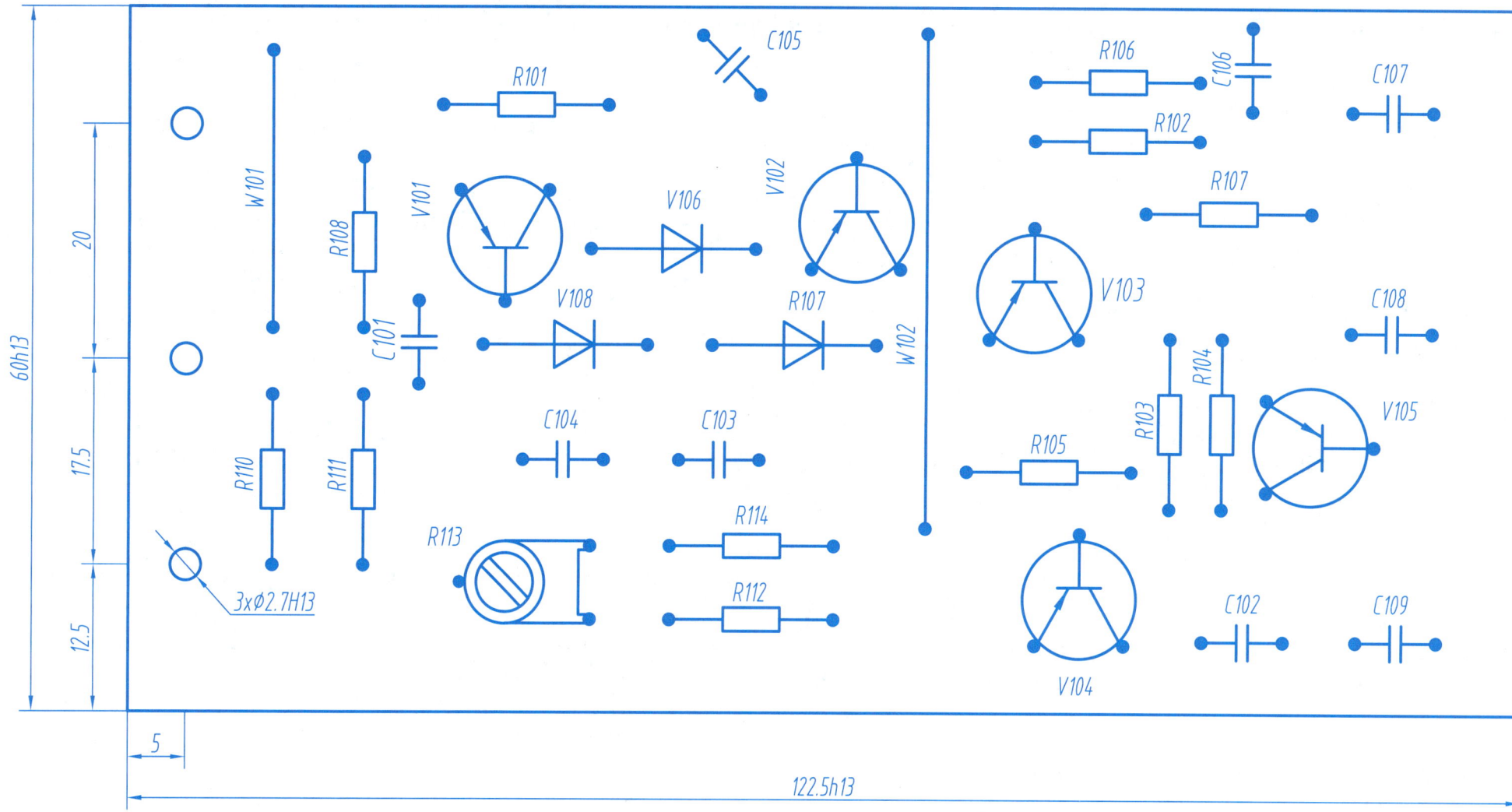

硬 制 板 装 配 图

| 专业班级 | | 姓名及学号 | | 审阅 | | 成绩 | |

题号	一	二	三	四	五	六	七	八	九	十	总分
应得分											
实得分											

一、根据主俯视图选择正确的左视图（在正确的答案下方打✓）。

1.

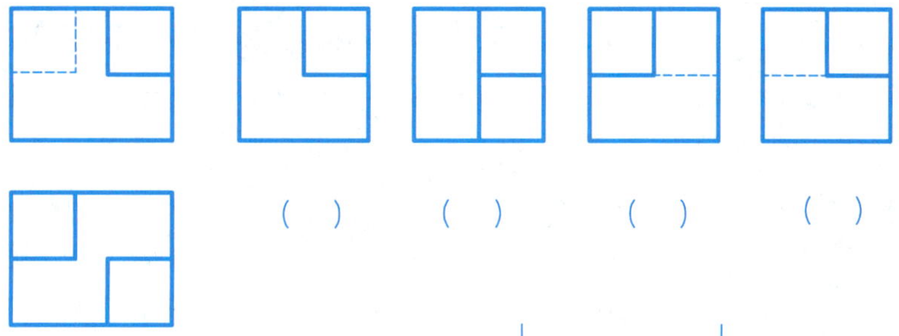

( )　　( )　　( )　　( )

2.

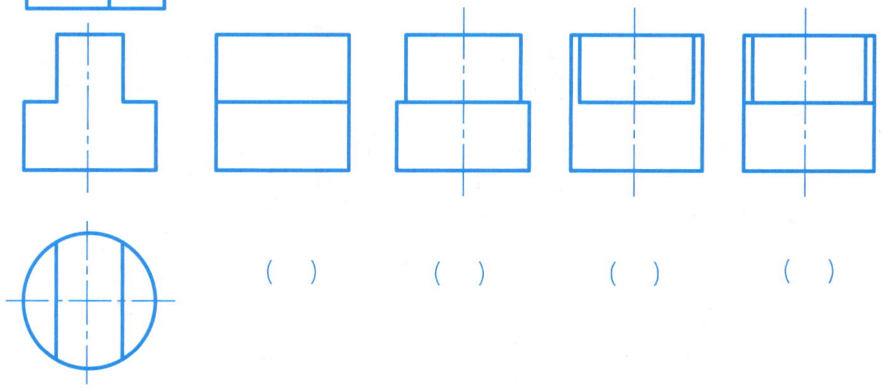

( )　　( )　　( )　　( )

二、选择正确的断面图（在正确的答案下方打✓）。

A

A

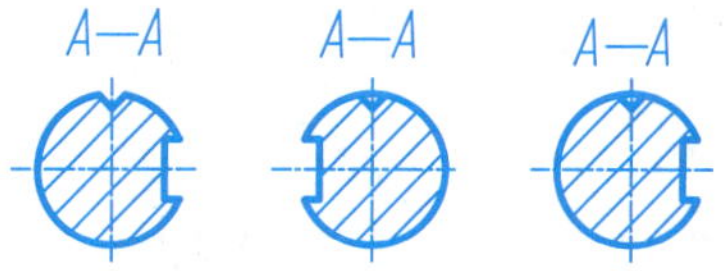

A—A　A—A　A—A

( )　　( )　　( )

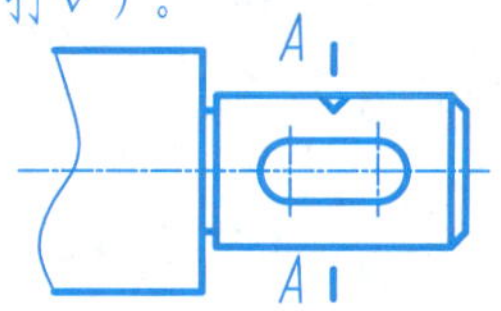

三、根据组合体的轴测图和俯视图，按1∶1的比例画出它的主、左视图。

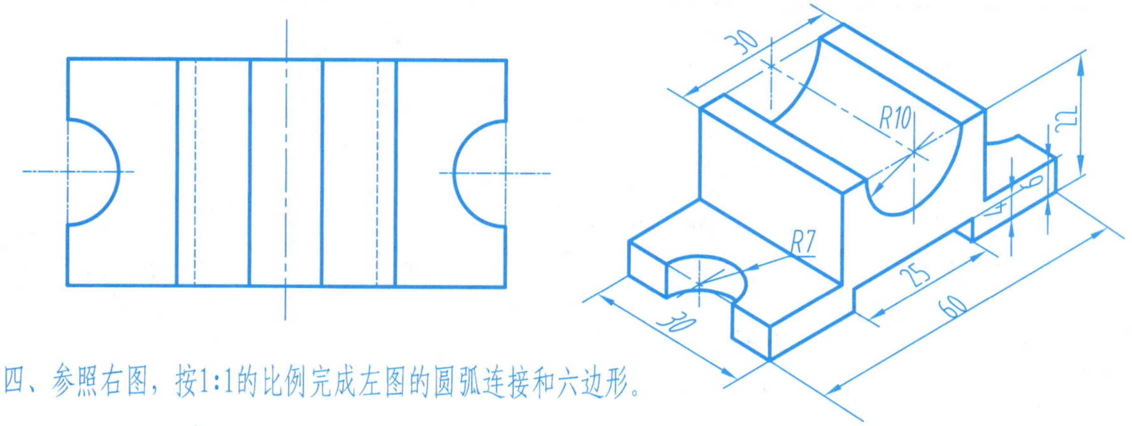

R10

R7

30

11

25

60

30

四、参照右图，按1:1的比例完成左图的圆弧连接和六边形。

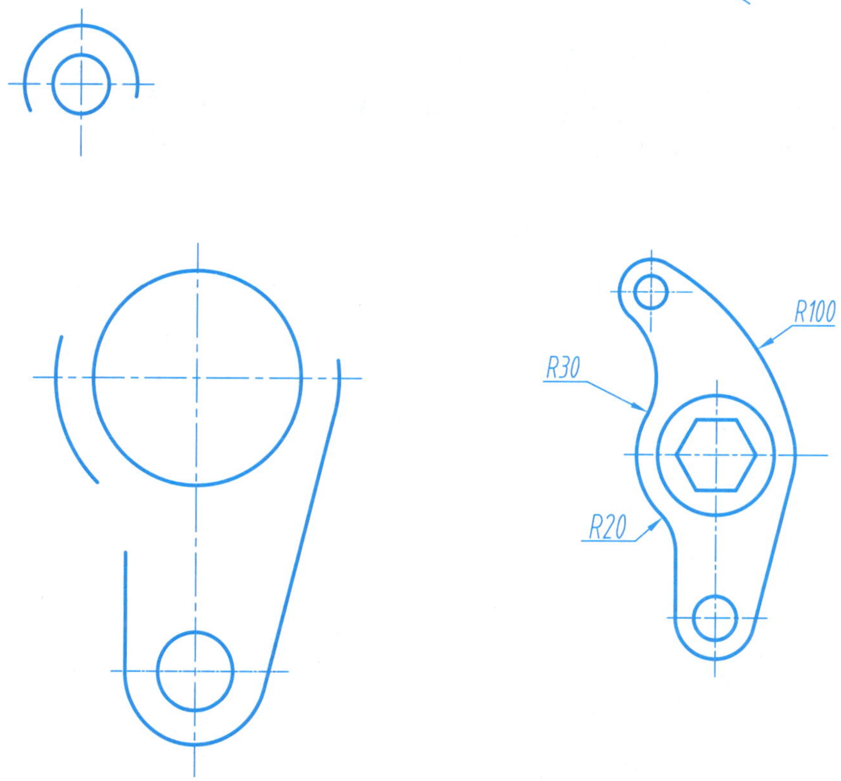

R100

R30

R20

专业班级　　　姓名及学号　　　审阅　　　成绩

54

五、补画图中漏线。

1.

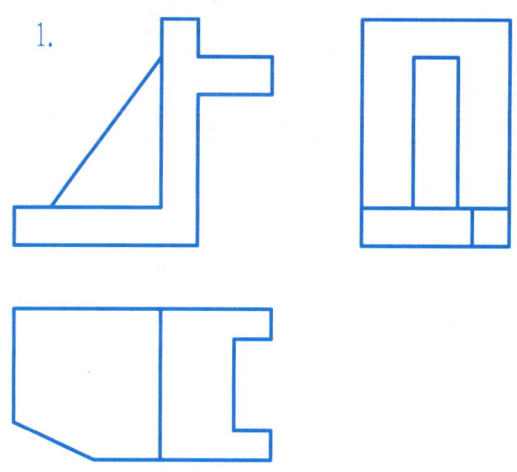

2.

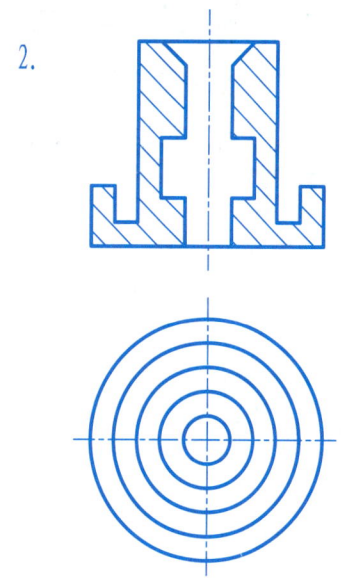

六、根据两视图，补画第三个视图。

1.补画左视图

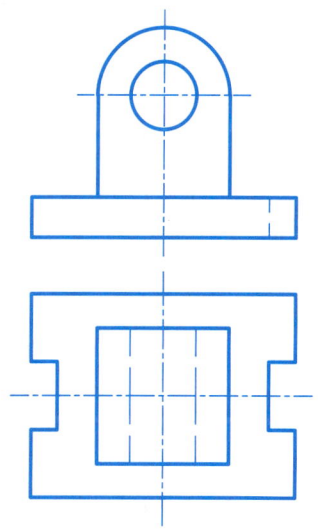

2.补画俯视图

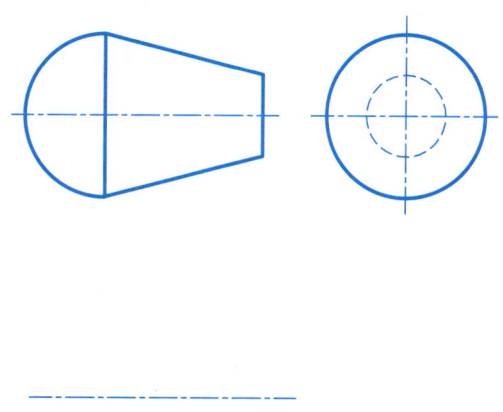

七、将主视图改画成半剖视图。

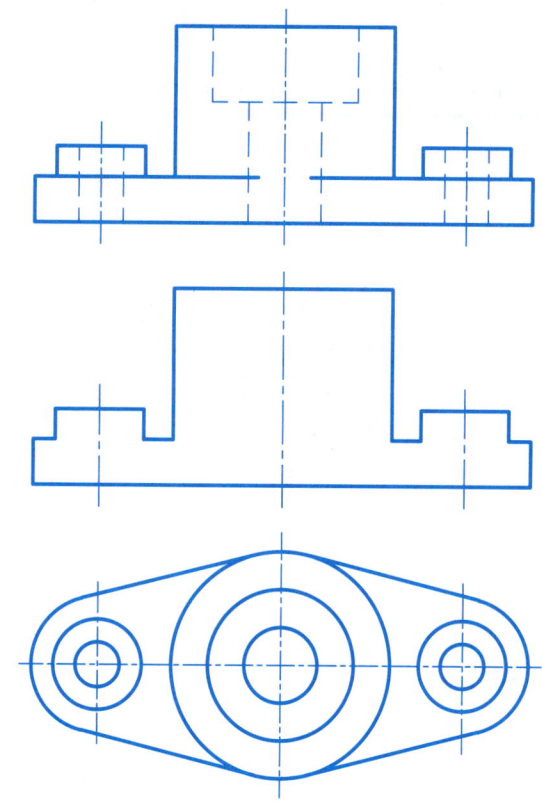

八、已知螺纹的公称直径 d=20 ㎜，螺纹长度为30 ㎜，按规定画法绘制螺纹的两视图。

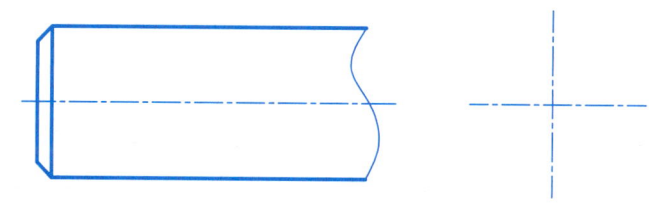

| 专业班级 | | 姓名及学号 | | 审阅 | | 成绩 |

55

九、看零件图回答问题。

1.该零件图的名称为_____，材料为_____，主要图形的比例为_____，它采用了_____个图形表达形状，除主视图外，还采用了2个_____和1个_____。

2.∅80n6段轴上有一个键槽，长为_____，宽为_____，深为_____，其定位尺寸是_____；键槽两侧面的表面粗糙度代号为_____。左右两个键槽的深度分别为_____、_____。

3.2×M6的定位尺寸是_____，该孔为_____结构，其M表示_____，6表示_____。

4.尺寸∅100k6可表示为 $\varnothing100^{+0.025}_{+0.003}$，表示基本尺寸为_____，公差为_____，上极限尺寸为_____，下极限尺寸为_____。

5.本轴的最大处直径为_____，最小处直径为_____，总长为_____。

十、看装配图回答问题。

1.发信器由_____种零件组成，其中_____种为标准件。

2.图形A—A为_____图，序号2右部未剖，这是因为它属于_____。

3.代号∅17H7/g6的意义是_____；它属于_____制_____配合。

4.件8是_____，共有_____个；它起_____作用。

5.当导杆2受外力左移时，密封圈3_____，则左边_____可由_____排出，即发出信号。

6.属于安装尺寸的有3个，分别是_____、_____、_____；总体尺寸是_____。

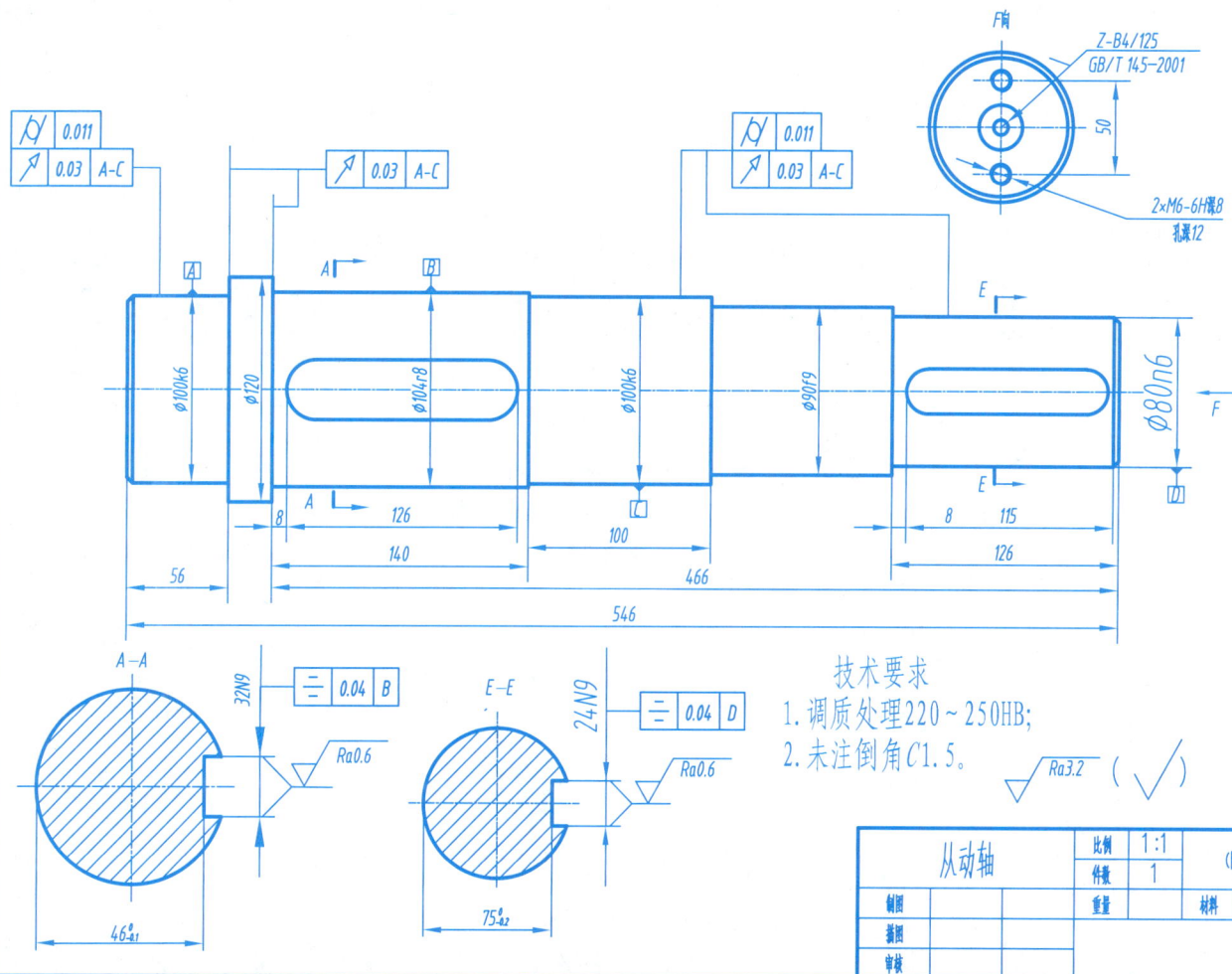

技术要求
1.调质处理220~250HB;
2.未注倒角C1.5。

从动轴	比例	1:1	(图号)
	件数	1	
制图		重量	材料 45
描图			
审核			

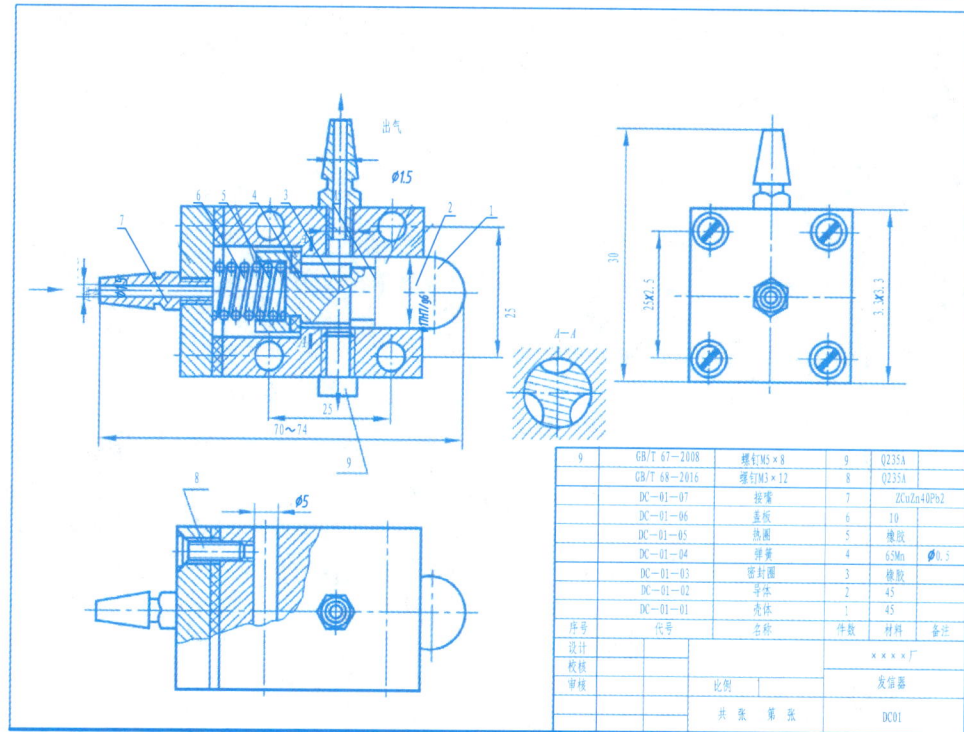

专业班级　　姓名及学号　　审阅　　成绩

试题说明：

1.本试卷共四题，闭卷；

2.考生在指定的驱动器下建立一个以"考号姓名"为名称的文件夹（例如，10001刘平），用于存放两个图形文件；

3.第一题、第二题和第三题存放于一个图形文件，名字为"123"，图面的布局如下图所示；

4.存放第四题的图形文件的名字为"4"；

5.按照国家标准的有关规定设置文字样式、线型、线宽和线型比例；

6.建议不同的图层选用不同的颜色；

7.交卷之前应该再次检查所建立的文件夹和图形文件的名称及位置，若未按上述要求，请改正，以免交卷时漏掉这些文件；

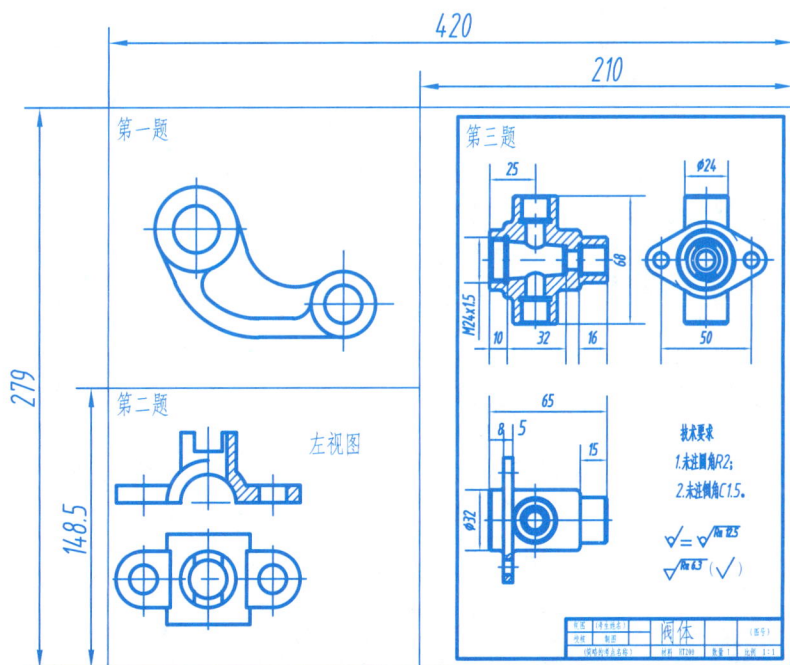

8.考试时间为180分钟。

一、按照1:1的比例抄画下面的图形（不注尺寸，10分）。

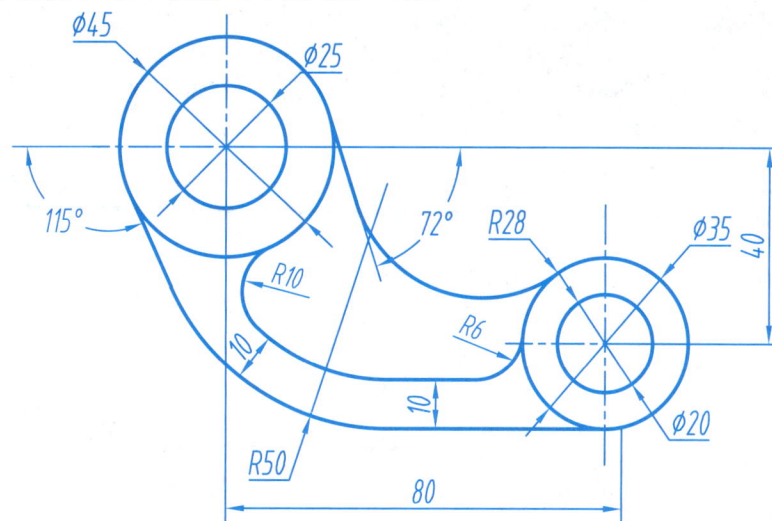

二、按照1:1的比例抄画形体的主视图和俯视图，补画半剖的左视图（不画虚线，不注尺寸，30分）。

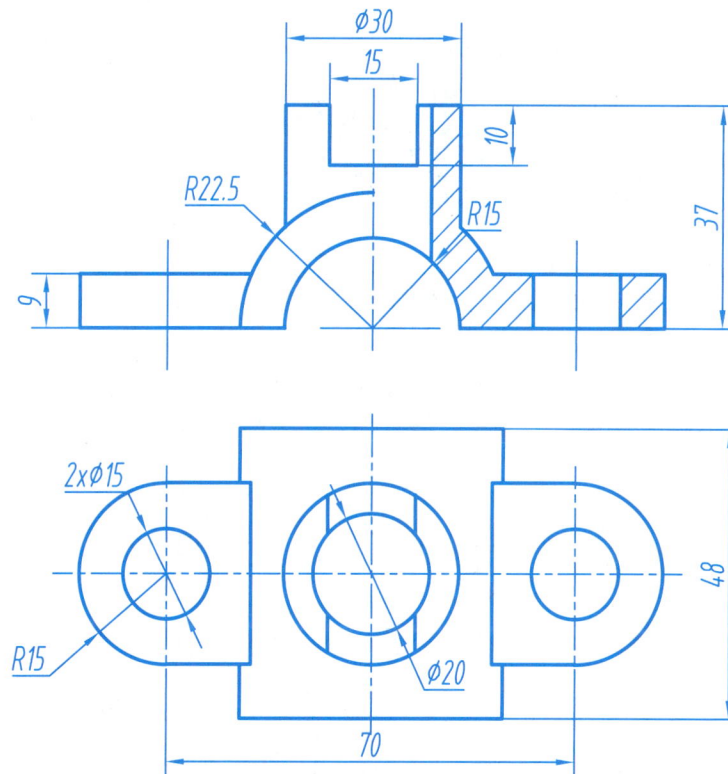

专业班级 | 姓名及学号 | 审阅 | 成绩

57

三、绘制阀体的零件图（30分）。

具体要求如下：

（1）以1:1的比例抄画右图所示阀体的零件图；

（2）按照图示的尺寸绘制A4图幅的图框和标题栏，不标注图框和标题栏的尺寸，需要填写校核者和图号以外的内容；

（3）不同的颜色、线型或宽度的图线放在不同的图层上，尺寸标注必须放在单独的图层上。

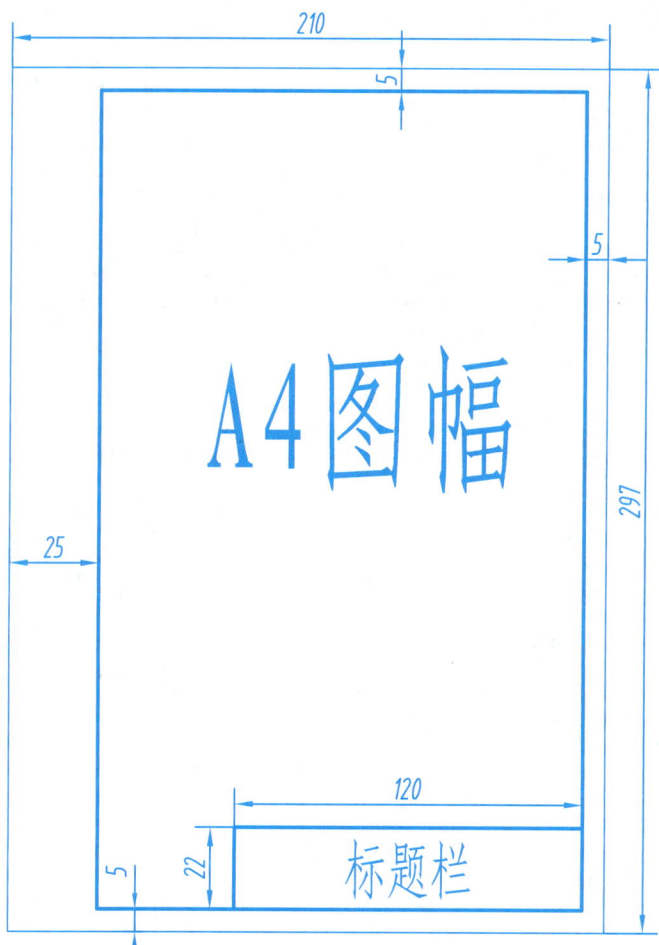

技术要求
1. 未注圆角R2；
2. 未注倒角C1.5。

制图	（考生姓名）	阀体		（图号）
校核	制图			
（简略的考点名称）		材料 HT200	数量 1	比例 1:1

专业班级	姓名及学号	审阅	成绩

58

四、根据换向阀的零件图和装配示意图拼画其装配图（30分）。

1. 换向阀的工作原理及示意图

换向阀是控制流体流向和流量的开关装置，右图为该零件的示意图。右孔为流体的入口，图示为流体从下孔以最大的流量流出的状态。通过扳手带动阀杆旋转180°，流体就会从上孔以最大的流量流出。锁紧螺母的作用是压紧填料，防止流体从左端泄漏。

2. 具体要求

(1) 选用A3图幅。按照下图所示的尺寸绘制A3图幅的图框、标题栏和明细表，不标注尺寸；

(2) 按照1 1的比例，完整清晰地表达该部件的工作原理和装配关系，标注必要的尺寸；

(3) 编制零件序号，绘制图框、标题栏和明细表并填写其中的内容。:

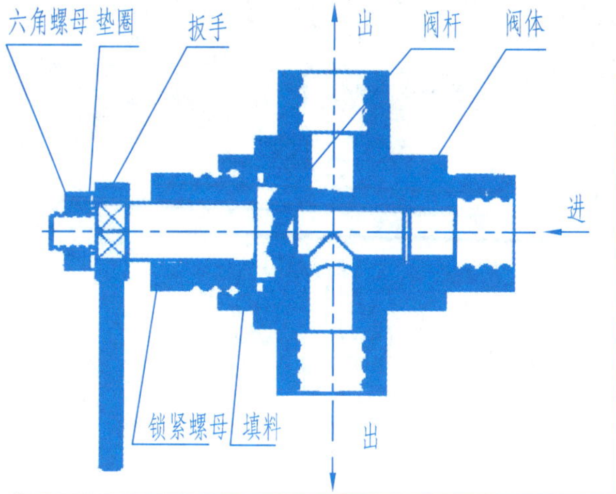

六角螺母 垫圈
扳手
出
阀杆
阀体
进
锁紧螺母
填料
出

3. 说明

阀体的零件图见第三题，无填料的零件图、其余零件的零件图如下。

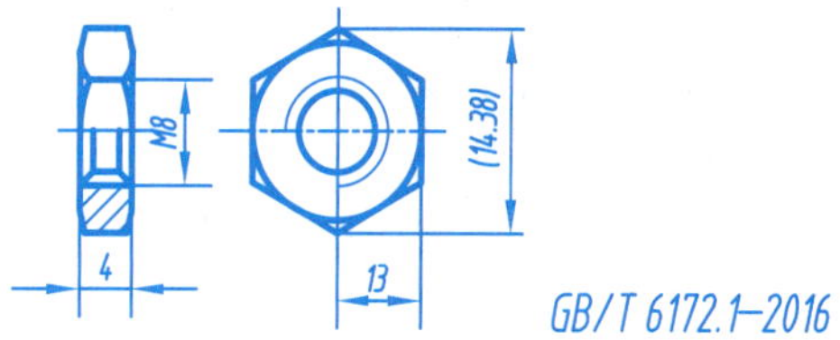

M8
(14.38)
4
13
GB/T 6172.1—2016

名称	六角螺母	数量	1	材料	35	比例	1:1

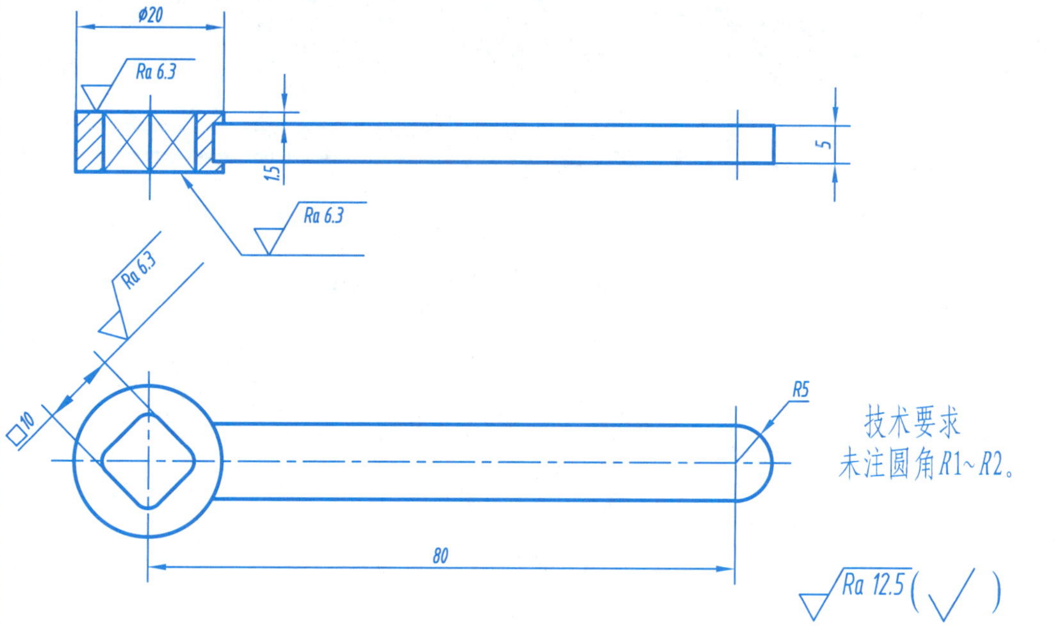

Ø20
Ra 6.3
5
1.5
Ra 6.3
Ra 6.3
□10
R5
80
技术要求
未注圆角R1~R2。
Ra 12.5 (√)

名称	扳手	数量	1	材料	HT200	比例	1:1

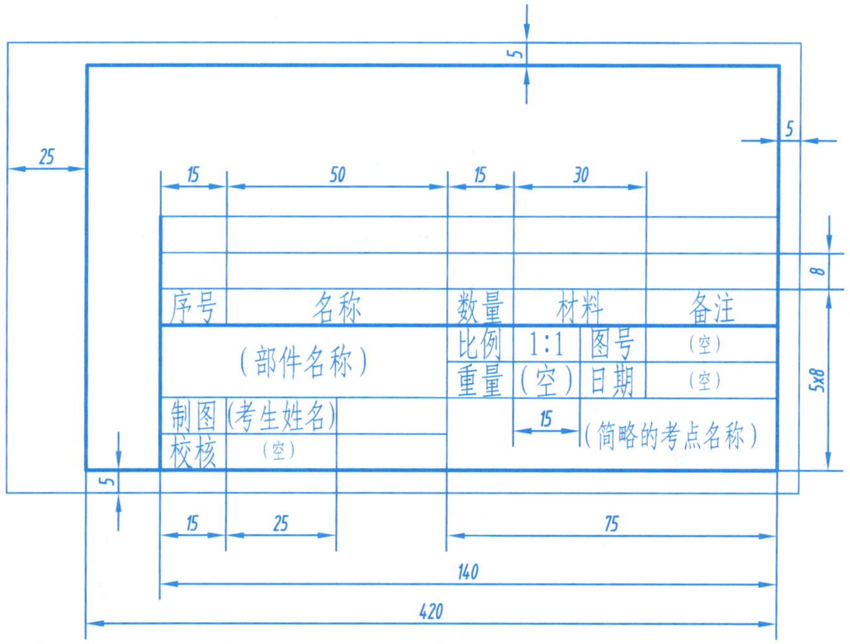

5
25
5
15
50
15
30
8
序号
名称
数量
材料
备注
(部件名称)
比例
1:1
图号
(空)
重量
(空)
日期
(空)
制图
(考生姓名)
15
(简略的考点名称)
校核
(空)
5x8
5
15
25
75
140
420

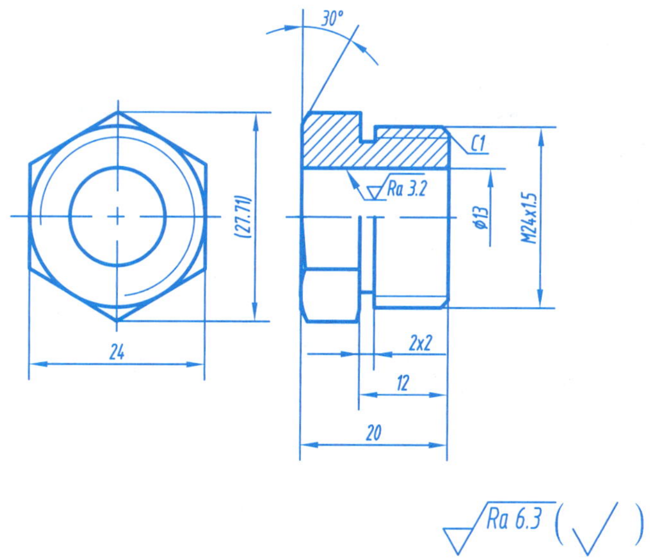

30°
C1
Ra 3.2
(27.71)
Ø13
M24x1.5
24
2x2
12
20
Ra 6.3 (√)

名称	锁紧螺母	数量	1	材料	Q235	比例	1:1

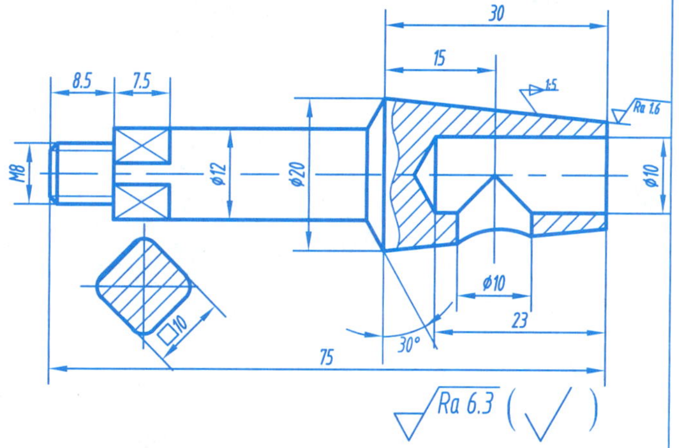

30
15
8.5
7.5
Ra 1.6
M8
Ø12
Ø20
Ø10
Ø10
□10
30°
23
75
Ra 6.3 (√)

名称	阀杆	数量	1	材料	45	比例	1:1

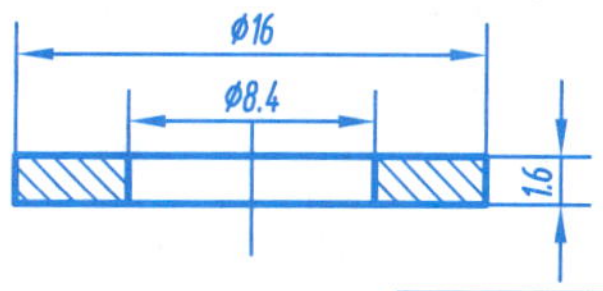

Ø16
Ø8.4
1.6
GB/T 97.1—2002

名称	垫圈	数量	1	材料	35	比例	1:1

专业班级		姓名及学号		审阅		成绩	